LE NOMBRE D'OR, LES SCIENCES ET L'ASTROLOGIE

DU MÊME AUTEUR
AUX ÉDITIONS DU ROCHER

Nouvelle Approche des aspects astrologiques, 1998.

PIERRE DELMAS

LE NOMBRE D'OR, LES SCIENCES ET L'ASTROLOGIE

Astrologie

ÉDITIONS DU
ROCHER
Jean-Paul Bertrand

Responsable de collection
Fanchon Pradalier-Roy

ISBN 978 2 268 04988 5

Préambule

Pour bien saisir la portée du nombre d'or dans toute sa dimension, il est indispensable de le replacer dans son contexte historique et de l'étudier à travers les successives découvertes faites par quelques hommes qui surent apercevoir en lui des valeurs subtiles et cachées que les autres nombres n'ont pas.

Ce retour chronologique sur le passé sera loin d'être inutile car il fera apparaître, pour peu qu'on y soit ouvert et attentif, les relations qui existent – mais que nous ne percevons plus – entre cette proportion et le principe de vie (végétale, animale et humaine) qui règne dans la nature. Puis, par un lien de cause à effet, je serai alors en mesure de dégager les analogies qui se présentent entre notre microcosme (la Terre) et notre macrocosme (le système solaire), et je pourrai dès lors établir, en m'appuyant sur les découvertes que j'ai faites, que celui-ci est organisé selon des proportions identiques.

Cette relation insoupçonnée mais surprenante de fécondité me permettra de confirmer la célèbre phrase d'Hermès Trismégiste et m'incitera à reconnaître, par la même occasion, la validité du phénomène astrologique et à montrer que le nombre d'or, lorsqu'on le convertit en angle, œuvre au même titre que les autres aspects astrologiques et s'exprime dans les thèmes de certains hommes selon ses expressions symboliques propres : croissance, vie et harmonie.

Au cours des siècles, le nombre d'or, terme le plus répandu pour désigner cette proportion (1,618), a reçu différentes appellations suivant l'état d'esprit qui caractérisait l'époque. Il fut tour à tour nommé section dorée, traduction de *sectio aurea*, divine proportion, joyau de la géométrie, ou encore φ en l'honneur de Phidias, sculpteur et architecte grec qui eut pour mission d'embellir Athènes et fit construire le Parthénon selon la géométrie de ce nombre.

En ce qui concerne son emploi mathématique, il peut également être écrit sous différentes formes : la lettre grecque φ – 1,618..., racine positive, ou 0,618..., racine négative du nombre. Élevée au carré, cette racine donne 0,382...

0,618 est appelé la majeure du nombre d'or puisqu'elle constitue le grand segment d'une droite divisée en extrême et moyenne raison ; 0,382 est appelé la mineure du nombre d'or puisqu'elle constitue le petit segment de cette même droite.

Présentation

Qu'est-ce que le nombre d'or, et comment le définir ?

Bien des lecteurs ont entendu parler de ce nombre sans toutefois être capables de le définir et de le situer. Levons tout d'abord une première ambiguïté en ce qui concerne le cycle de Méton, appelé également nombre d'or. Athénien qui vécut au ve siècle avant J.-C., Méton découvrit que le cycle des éclipses équivaut environ à 233 lunaisons, c'est-à-dire à 18 ans et quelques jours. Mais ce cycle, malgré son appellation, n'a rien de commun avec le nombre d'or des pythagoriciens qui détient, en dehors de sa valeur purement arithmétique, une valeur métaphysique. Avant de l'aborder sous cet aspect, examinons-le dans sa perspective purement concrète.

Tout d'abord, il faut savoir qu'il possède plusieurs dénominations qui lui ont été attribuées au cours des siècles. Dans l'Antiquité, on le désigna sous le vocable de « nombre d'or », appellation la plus communément admise, puis avec sa redécouverte à la fin du Moyen Âge, ce furent les compagnons bâtisseurs des cathédrales qui, utilisant cette proportion, la baptisèrent « section dorée », traduction du latin *sectio aurea*. À la

Renaissance, elle fut encensée dans l'ouvrage de Luca Pacioli qui la surnomma « divine proportion ». Kepler, qui l'avait étudiée de près et considérait qu'elle avait inspiré le Créateur pour devenir le prototype de la création, l'avait appelée « joyau de la géométrie ». Au XXe siècle, pour des raisons de commodité et en hommage au grand sculpteur et architecte grec Phidias, auteur de la construction du Parthénon dont les proportions furent inspirées par ce nombre, on le désigna tout simplement du nom de φ, vingt et unième lettre de l'alphabet grec.

En ce qui concerne sa formule mathématique, elle peut s'écrire de deux manières différentes selon qu'on la considère sous son aspect purement arithmétique – en ce cas, elle est un nombre irrationnel incommensurable équivalant à 1,618... (valeur la plus répandue) –, ou sous son aspect algébrique qui offre deux équations possibles : l'une dont la racine est positive et l'autre négative :

$$\frac{1+\sqrt{5}}{2} = 1{,}618$$

$$\frac{1-\sqrt{5}}{2} = -\,0{,}618$$

Mais comment définir cette valeur numérique qui, selon certains, possède des propriétés insoupçonnées ? Euclide, au livre VI des *Éléments*, la définit ainsi : « partage d'une droite en moyenne et extrême raison », définition qui est bien différente de la moyenne que l'on connaît habituellement et qui consiste, lorsque l'on veut trouver la valeur qui existe entre deux objets de prix différents, à additionner ces deux prix puis à diviser ce résultat par 2. Le nombre d'or sert à un tout autre but que celui qui procède des valeurs quantitatives ci-dessus mentionnées puisqu'il permet d'établir une proportion ou une moyenne qui soit la plus harmonieuse possible, celle que l'on retrouve d'ailleurs chez l'être humain et les êtres vivants en général. C'est cette notion d'harmonie qui lui a conféré un tel prestige et qui, par conséquent, a fait qu'on l'a employé dans les domaines artistiques et esthétiques (architecture, peinture, dessin, musique et poésie).

Maintenant que je l'ai présenté sous son aspect le plus concret et qu'il possède en quelque sorte sa fiche signalétique le distinguant nettement des autres nombres, il serait intéressant de retracer son histoire qui prend sa source dans l'ancienne Égypte, berceau des Pyramides, se poursuit et culmine avec les pythagoriciens durant l'Antiquité, resurgit au Moyen Âge à la faveur des compagnons bâtisseurs de cathédrales et surtout à la Renaissance grâce au grand mouvement humaniste de l'époque, pour enfin se redéployer aux XIXe et XXe siècles, et cela en dépit de nombreuses périodes d'éclipses presque totales.

INTRODUCTION

HISTORIQUE DU NOMBRE D'OR

Les Égyptiens

Si, au cours des siècles, nombreux furent les hommes qui s'intéressèrent de près au nombre d'or, il faut remonter à l'Antiquité égyptienne pour en retrouver les premières traces matérialisées par l'érection de la pyramide de Khéops, qui fut un monument élevé à la gloire du nombre d'or. C'est donc sous le règne de Khéops, deuxième roi de la IVe dynastie (– 2840 – 2680), que se situe le début de sa construction, aux alentours de 2 800 ans avant J.-C. Elle est considérée comme la plus grande et la plus parfaite des pyramides. Elle mesure à la base 440 coudées égyptiennes, ce qui représente environ 230 mètres. Sa hauteur est de 280 coudées, ce qui correspond à 146,60 mètres. Elle est entièrement revêtue de calcaire de Toura, village situé au sud du Caire, sur la rive droite du Nil. Cet ensemble parfaitement équilibré et harmonieux a subjugué les visiteurs et suscité tous les rêves.

Un schéma de la pyramide vue en plan selon le carré ABCD de côté égal à 2 va permettre de montrer qu'elle est construite sur le nombre d'or.

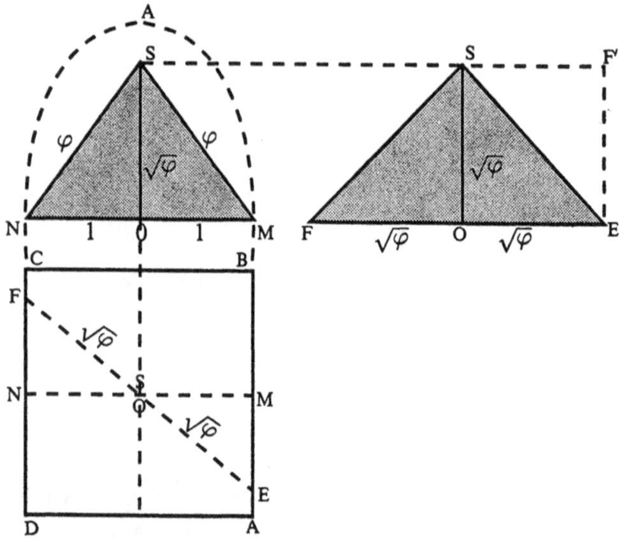

Figure 1. La section ésotérique (FSE) ou carré d'Hérodote (OSF'E) dans la pyramide (d'après Dom Néroman, Le Nombre d'or*).*

Coupons-la en abaissant une droite MN passant par les milieux des côtés du carré représentés par les apothèmes SM et SN des faces latérales (SM = φ pour MO = 1). Par conséquent, la hauteur h = $\sqrt{\varphi}$ et SMO est le triangle d'or, ce qui implique que les Égyptiens eurent l'intention, en élevant la pyramide de Khéops, de créer un monument à la gloire de ce nombre. Cependant, on estime que ce dernier était connu bien avant cette époque. C'est sans doute à l'année 4241 avant J.-C., date de l'introduction du calendrier, que l'on peut faire remonter la connaissance de ce nombre sacré. En effet, le calendrier égyptien tient compte de l'année sothiaque, période de 4 × 365,25 = 1 461 ans et il suppose des observations astronomiques remontant à cette période[1]. Le calendrier égyptien se rattachait au cycle solaire et, dès le IVe millénaire avant notre ère, on considérait que l'année solaire était de 365 jours et comptait 12 mois de 30 jours et 5 jours complémentaires. Le début de l'année civile était fixé à la date du lever héliaque de l'étoile Sothis (Sirius), c'est-à-dire au jour où l'étoile, après sa période d'invisibilité, devenait visible, à l'aube, dans la région de l'horizon où se levait le Soleil. À la fin du IVe millénaire, ce lever héliaque coïncidait avec le début de la crue du Nil. Mais l'année égyptienne étant trop courte d'un quart de jour par rapport à l'année astronomique, une dérive du lever héliaque de Sothis se produisait et il fallait que s'écoule une période de 1 456 ans pour retrouver la coïncidence de l'année civile et de l'année astronomique.

L'Antiquité gréco-romaine

Pythagore

Issue donc de l'Égypte ancienne et représentée dans les pyramides, la section d'or fut longtemps gardée secrète par les prêtres, et il fallut attendre la venue de Pythagore pour que cette divine proportion resurgisse, dans la pensée antique d'abord, puis par la suite dans l'architecture. On a d'ailleurs coutume de dire que c'est le grand savant et philosophe grec qui leva le voile sur le nombre d'or, alors que manifestement ce nombre était depuis longtemps connu des Égyptiens. Et s'il en a peut-être eu la prescience, toujours est-il qu'il en fut

1. Voir Dom Néroman, *Le Nombre d'or, clé du monde vivant*, Dervy, 1981.

instruit lorsqu'il décida de se rendre en Égypte pour être initié par les prêtres, détenteurs de certains mystères. Né, dit-on, à Samos vers 580 avant J.-C., Pythagore émigra ensuite à Crotone en grande Grèce. Mystique, philosophe et savant, il voulut bientôt aller vivre dans les temples pharaoniques auprès des prêtres qui lui révéleraient leurs secrets. Mais quelle raison le conduisit là-bas ?

Tout d'abord, on rapporte que ses parents avaient encouragé son penchant précoce à l'étude de la sagesse. À 18 ans, il avait suivi les leçons d'Hermodamas ; à 20 ans, celles de Phérécide à Syros. Il avait également été le disciple de Thalès et d'Anaximandre. Ces maîtres lui avaient ouvert l'esprit mais, épris d'absolu, il cherchait en son for intérieur à parvenir à la synthèse de l'univers. Par une nuit chaude et étoilée, alors qu'il contemplait tour à tour le firmament, la terre et un temple, il eut soudain l'intuition que le monde entier devait être régi par le Nombre. Son regard se perdit dans la contemplation de la façade dorienne d'un temple dont la base, les colonnes, l'architrave et le fronton triangulaire lui évoquèrent soudain la triple nature de l'homme et de l'univers couronné par l'unité divine : c'était dans ces lignes géométriques que se cachait la clé de l'univers, songea-t-il. Mais l'intuition qui l'avait bouleversé ne suffisait pas et il s'agissait de prouver par la raison ce qu'il avait intuitivement perçu dans un éclair d'illumination. Sa mère lui avait souvent parlé du savoir prodigieux des prêtres égyptiens qu'elle avait rencontrés lors de ses pérégrinations ; il comprit alors qu'il devait se rendre en Égypte s'il voulait percer les secrets de la nature. Aussitôt, sa décision fut prise et c'est dans ces lieux qu'il séjourna pendant près de vingt-deux ans, et y reçut son initiation des sages égyptiens. Il put approfondir les mathématiques sacrées qui servirent de base à son système et parvint à connaître les secrets du nombre d'or auquel est rattaché le pentagramme, dont il fit plus tard le signe de ralliement de sa communauté.

De retour en Grèce, Pythagore fonda sa propre école, qui devint vite très prestigieuse. Elle avait pour but de créer une confrérie initiatique soumise au secret et où régnait une véritable fraternité. L'enseignement était bien sûr basé sur la géométrie. Persuadés que l'univers était régi par un principe d'harmonie, tous les membres de la confrérie le représentaient par le symbole du pentagramme, considéré comme une figure géométrique particulièrement harmonieuse puisque l'on y retrouve la divine proportion. C'est ainsi que la relation entre le nombre cinq et la section d'or était tout à fait apte à représenter l'harmonie du monde et de l'homme.

Platon

Disciple de Pythagore, Platon n'eut pas, comme son maître, les illuminations qui le conduisirent sur la voie d'une théorie des nombres régissant l'univers. Le philosophe, fondateur de l'idéalisme, s'est contenté de donner à cette vérité une forme plus populaire. Il est d'ailleurs considéré comme le plus grand des philosophes grecs et son renom est plus répandu que celui de Pythagore, même s'il ne fut que son disciple. Et c'est surtout sa rencontre avec Socrate aux environs de 407 avant J.-C. qui fit naître son intérêt pour la philosophie. Cependant, après la mort de ce dernier, il effectua de nombreux voyages, notamment en Égypte, puis il fit la connaissance des pythagoriciens en grande Grèce, en particulier celle d'Archytas de Tarente.

C'est sans doute à partir de là que Platon puisa à la tradition ésotérique de Pythagore et emprunta la structure de son système. Puis, de retour à Athènes, il fonda une école, l'« Académie » et s'engagea avec ses élèves dans les mathématiques. C'est essentiellement dans le *Timée* qu'il reprend les idées pythagoriciennes, selon lesquelles tout est ordonné d'après le nombre. On peut penser que Platon eut connaissance du nombre d'or et des propriétés qui lui étaient attribuées. C'est sans doute à lui que l'on doit d'avoir transmis aux générations suivantes la théorie pythagoricienne des nombres, et plus particulièrement la découverte qu'il existe cinq polyèdres réguliers dont le dernier est le dodécaèdre à douze faces pentagonales régies par la section d'or.

Voici le paragraphe où Platon décrit la proportion géométrique dans le *Timée* : « Mais, que deux termes forment seuls une belle composition, cela n'est pas possible, sans une troisième. Car il faut qu'entre eux il y ait un lien qui les rapproche tous les deux. Or, de toutes les liaisons, la plus belle est celle qui se donne à elle-même et aux termes qu'elle unit, l'unité la plus complète. Et cela, c'est la proportion qui naturellement le réalise de la façon la plus belle. »

Euclide

Mathématicien grec qui vécut à Alexandrie vers 300 avant J.-C., il est célèbre grâce à son ouvrage de géométrie, les *Éléments*, qui comporte quinze livres. C'est dans son VIe livre (3e définition) qu'il donne la définition de ce que nous nommons aujourd'hui encore la section d'or et c'est la plus ancienne définition écrite sur cette proportion : « Une droite est dite être coupée en extrême et moyenne raison quand, comme elle [est] toute entière relativement au plus grand segment, ainsi est le plus grand relativement au plus petit[1]. »

Ses œuvres s'inspirent beaucoup des découvertes de ses prédécesseurs, notamment de Pythagore.

Vitruve

Si l'on remonte à présent à la fin de l'Antiquité, l'on voit apparaître la figure d'un des derniers hommes de ce temps à s'être intéressé de près au nombre d'or et qui en fit de nombreuses applications puisqu'il était architecte et ingénieur romain. Né dans le courant du Ier siècle avant J.-C., il a acquis une notoriété grâce à son traité d'architecture en dix livres, *De architectura*, synthèse de sa propre expérience et de la compilation d'ouvrages d'anciens architectes grecs. Ce fut le seul traité de l'époque à transmettre les canons antiques et il eut une grande influence sur l'architecture de la Renaissance.

« La symétrie, explique-t-il, consiste en l'accord de mesure entre les divers éléments de l'Œuvre, comme entre ces éléments séparés et l'ensemble. [...] Comme dans le corps humain [...] elle découle de la proportion – celle que les Grecs appellent "analogie" –, consonance entre chaque partie et le tout. [...] Cette symétrie est réglée par le module, l'étalon de commune mesure, ce que les Grecs appellent le "nombre". Lorsque chaque partie importante de l'édifice est en plus convenable-

1. Euclide, *Les Éléments*, PUF, 1990.

ment proportionnée de par l'accord entre la hauteur et la largeur, entre la largeur et la profondeur, et que toutes ces parties ont aussi leur place dans la symétrie totale de l'édifice, nous obtenons l'eurythmie[1]. »

Dans cette description, on se rend compte que Vitruve ne fait que reprendre la terminologie pythagoricienne lorsqu'il évoque les relations qui doivent exister entre les proportions du corps humain et le plan des édifices sacrés.

Mais l'Antiquité compta d'autres hommes qui se penchèrent sur la théorie pythagoricienne du nombre et en particulier sur la section dorée, de Philolaos à Nicomaque de Gérase en passant par Archytas de Tarente, Speusippe, le neveu de Platon, et Diophante d'Alexandrie. Tous vouèrent un culte sans bornes à cette proportion. Puis les siècles s'écoulèrent et elle sembla tomber dans l'oubli, tout du moins n'en a-t-on retrouvé aucune trace écrite durant une très longue période, comme si le passage d'une ère à une autre avait pu anéantir les nombreuses connaissances accumulées par les grandes figures de l'Antiquité. Fort heureusement, la période du Moyen Âge et surtout celle de la Renaissance renouèrent avec ces auteurs, grâce au mouvement humaniste qui prit naissance et s'épanouit en pleins XVe et XVIe siècles.

1. Vitruve, *Les Dix Livres d'architecture*, Les Belles Lettres, 1990.

Moyen Âge et Renaissance

Fibonacci

En ce qui concerne le Moyen Âge, on retiendra le célèbre mathématicien Léonardo Bonacci, dit Fibonacci, géomètre italien né à Pise vers 1170. En 1220, il publia *La Pratique de la géométrie* où il introduisit un rappel des propositions fondamentales de la géométrie euclidienne. Parut également un commentaire du livre des *Éléments* d'Euclide et une théorie des nombres. Mais ce que l'on retient essentiellement, c'est la célèbre série qui porte son nom, suite de nombres dans laquelle il démontre que chaque terme est égal à la somme des deux termes qui le précèdent. Il en tirera également une loi sur le nombre d'or en constatant qu'au fur et à mesure de la progression numérique le quotient des deux nombres s'approche de cette proportion pour finir par s'y stabiliser. Cette démonstration aura une grande portée sur la signification à attribuer à la section dorée, qui sera baptisée « divine proportion » à l'époque de la Renaissance, lorsqu'elle se retrouvera au faîte de sa gloire.

Luca Pacioli et Léonard de Vinci

Luca Pacioli fut en quelque sorte le successeur de Fibonacci dans la mesure où il s'inspira des ouvrages de ce dernier. Ses deux œuvres principales sont la *Somme de l'arithmétique* (1494) et *De la divine proportion* publiée à Venise en 1506, œuvre en trois parties illustrée par Léonard de Vinci. Dans cet écrit, il passe en revue les treize effets du partage d'un segment en moyenne et extrême raison. Il consacre également plusieurs chapitres aux particularités des corps réguliers platoniciens. S'il insiste sur le partage d'une droite en moyenne et extrême raison, c'est que cette division est la seule à permettre de construire le pentagone et le dodécaèdre, mais également d'inscrire les cinq polyèdres réguliers dans une sphère. Lors de la publication figurera en outre un appendice qui traite des proportions du corps humain et de la construction des temples anciens en référence au *De architectura* de Vitruve. Les dessins de Léonard de Vinci qui reproduisent les soixante corps réguliers contribuent également à la valeur de l'ouvrage et à sa notoriété.

Il ne fit que prêter son concours pour les illustrations de l'ouvrage de Pacioli, qui représente les polyèdres réguliers réalisés à partir de maquettes en bois. Mais dans son *Traité de la peinture* n'apparaît nullement une application artistique de la divine proportion. En revanche, bien avant la rencontre avec Pacioli, vers 1492, Léonard de Vinci avait dessiné l'« homme vitruvien » dont les proportions s'accordent sur le nombre d'or.

Agrippa de Nettesheim

De occulta philosophia (De la philosophie occulte), qui est l'œuvre majeure d'Agrippa, parut en 1531. Dans cet ouvrage, où il emprunte les doctrines gnostiques d'Hermès Trismégiste, Agrippa met l'homme au centre de la Création et affirme que celui-ci n'avait pas seulement été créé à l'image de Dieu, mais qu'il en avait encore l'omnipotence : « Les Anciens construisaient leurs temples, leurs édifices publics [...] et autres bâtiments sur le modèle du corps humain tout comme Dieu mit dans la machinerie du monde la symétrie dont il pourvut le corps de l'homme.» On retrouve bien évidemment dans cette idée les théories pythagoriciennes. C'est d'ailleurs à lui que l'on doit d'avoir inscrit l'homme dans le pentagramme, figure géométrique dont les diagonales se coupent selon les lois de la section dorée. Cette relation analogique montre à quel point cette proportion s'inscrit également dans l'être humain. Agrippa nous offre dans *De la philosophie occulte* toute une série de figures géométriques dans lesquelles l'homme apparaît comme la manifestation dans toutes les parties de son corps de la proportion d'or. Dès lors, il n'est plus besoin de le convaincre que, si le cosmos est structuré d'après le nombre, par voie de conséquence, l'homme est d'essence divine. Agrippa fut un de ceux qui, durant cette période humaniste, répandit avec le plus de conviction les théories nouvelles du néo-platonisme.

À sa mort, en 1537, commença le déclin du mouvement humaniste et, avec lui, le déclin de la section dorée qui tomba progressivement dans l'oubli, sans doute en raison des grandes découvertes scientifiques qui s'amorçaient (Galilée, Kepler, Newton) et mirent fin au culte de l'Antiquité. Une approche plus rationnelle de l'univers s'édifiait, remettant ainsi en question les lois qui avaient régné jusqu'alors.

Johannes Kepler

Malgré les découvertes qu'il fit sur le système solaire, Kepler n'en continua pas moins à considérer ce nombre comme un des «joyaux de la géométrie». En témoigne son ouvrage majeur, *Harmonices Mundi*, où il expose son point de vue sur les correspondances qui existent au sein de notre univers. Sa pensée, bien que moderne, était par ailleurs tournée vers des préoccupations d'ordre mystique. Arthur Koestler le note dans une étude consacrée au célèbre astronome : « Mais j'ai déjà souligné le contraste qui existe entre les raisonnements *a priori* de la première partie de son livre, et la méthode scientifique, moderne de la seconde. La coexistence du mystique et de l'empirique, des furieux écarts de pensée et de la recherche scrupuleuse, demeura jusqu'à la fin une des caractéristiques de Kepler. »

Kepler marque ainsi la fin d'un monde influencé par les doctrines pythagoriciennes. Et il fallut attendre les années 1850 pour qu'un regain d'intérêt à ce sujet s'empare de certains chercheurs. Auparavant, quelques mathématiciens avaient mis un terme à l'attrait que cette proportion avait inspirée en la considérant « comme une branche inutile de la géométrie[1] ».

Quant à Michel Chasles, l'un des créateurs de la géométrie projective, il évoque lui aussi en 1837, la divine proportion en écrivant qu'« aujourd'hui, ces propriétés sont peu connues parce qu'on ne voit, dans la division d'une droite en moyenne et extrême raison, que la résolution d'une équation du second degré qui doit renfermer toutes ces propriétés ». En l'espace de deux siècles, ce nombre qui avait envoûté des générations d'ésotéristes, de philosophes et de mathématiciens, et auquel on avait trouvé des propriétés pour le moins surprenantes, fut désormais ravalé au même rang que les autres. Et il fallut attendre deux ou trois siècles pour qu'un regain d'intérêt naisse chez certains chercheurs.

---

1. Étienne Montcula, *Histoire des mathématiques*, 1758.

L'époque moderne

Au début du XIXe siècle, l'Allemagne est riche en philosophes et scientifiques et elle compte également un grand nombre d'archéologues passionnés par la Grèce et L'Égypte anciennes. C'est à cette période que sont entreprises des fouilles qui mettent en valeur l'Acropole, notamment le Parthénon, lequel devient le symbole de l'apogée du style architectural du Ve siècle avant J.-C. en même temps que le modèle et la référence de l'idéal esthétique. C'est ainsi que se dessine la recherche d'une synthèse entre l'esthétique et la science au moyen d'une loi fondamentale.

Adolf Zeysing

C'est à Adolf Zeysing, professeur de philosophie à Leipzig, que revient le mérite d'avoir sorti de l'oubli cette fameuse proportion qui avait servi d'étalon à la construction du Parthénon. Il va en effet lui attribuer un critère esthétique en plus des notions que les Anciens lui avaient déjà accordées. Pour étayer ses preuves, il étudie la statuaire grecque et découvre qu'elle est régie par le nombre d'or. Puis, poursuivant son travail, il montre que la morphologie du corps humain ainsi que celle des plantes et des animaux sont soumises à de semblables proportions. Enfin, il découvre une loi des angles en botanique en relation avec la section dorée. C'est dire si cet homme fut le plus fervent rénovateur des théories pythagoriciennes, allant même jusqu'à faire des découvertes susceptibles de corroborer les thèses qui avaient vu le jour dans l'Antiquité. Cependant, il sera fortement critiqué par certains confrères qui trouveront bien des arguments pour discréditer sa thèse.

Gustav Theodor Fechner

Peu de temps après, un chercheur, professeur de physique à l'université de Leipzig, après avoir lu les publications de Zeysing, va apporter une autre démonstration à la valeur esthétique du nombre d'or. Et pourtant, au départ, dans ses deux ouvrages les plus importants, il réfute l'idée de Zeysing selon laquelle l'esthétique serait soumise à une règle issue des proportions pythagoriciennes. Il va même démontrer en reprenant les exemples choisis par son confrère que celui-ci a donné des preuves arbitraires de la présence de la section d'or aussi bien dans certaines œuvres picturales et architecturales que dans les mesures du corps humain. Fechner va donc utiliser d'autres méthodes pour vérifier les thèses avancées par Zeysing, notamment en présentant diverses formes rectangulaires – parmi lesquelles figurent le rectangle d'or – à un grand nombre de sujets. Ces statistiques vont alors prouver que l'œil humain accorde sa préférence esthétique au rectangle d'or plutôt qu'à toute autre forme rectangulaire. Ainsi, malgré ses réticences, Fechner finira par confirmer avec ses propres méthodes les théories de Zeysing sur les lois régissant le problème de l'esthétique.

Quelque temps plus tard, en 1876, trois mathématiciens de renom formuleront des critiques sévères à l'égard de cette théorie de l'esthétique dont le seul critère serait la section d'or, tout en reconnaissant la récurrence de cette proportion dans l'architecture antique. Il s'agit donc d'un démenti des assertions de Zeysing, mais qui laisse le doute sur la raison de la présence de cette proportion dans bien des œuvres.

À partir de cette période, les expériences pour tenter de démontrer ou d'infirmer la validité de ce nombre dans certains domaines se feront de plus en plus rares. Il faut reconnaître qu'on s'était bien éloigné, au fil des siècles, de la signification fondamentale attribuée à cette valeur numérique. Les pythagoriciens l'avaient définie comme un nombre qui engendrait l'harmonie en lui accordant un rôle mystique, ésotérique renvoyant au mystère de la création et non un nombre simplement ordonnateur du beau et de l'esthétique. Car il convient de différencier très nettement l'idée d'harmonie de l'idée d'esthétique. La première implique une notion métaphysique et transcendantale, tandis que la seconde est d'essence physique et immanente.

Par la suite, bien sûr, le nombre d'or continuera de faire des adeptes, surtout dans le milieu des beaux-arts puisque cette proportion sera désormais presque exclusivement assimilée aux vertus esthétiques et, à quelques exceptions près, les formules de Charles Henry notamment, il faudra attendre les années 1930, avec l'œuvre de Matila C. Ghyka, pour que le nombre d'or retrouve ses lettres de noblesse.

Matila C. Ghyka

D'origine roumaine, Ghyka est né en 1881 à Jassy. En 1891, sa famille vient s'installer à Paris. Diplômé de l'École navale de Brest puis docteur en droit, il entre dans la diplomatie et occupera successivement des postes à Bucarest, Berlin, Londres, Rome, Madrid, Vienne, Varsovie, Stockholm et Paris. Après la Seconde Guerre mondiale, il devient professeur d'esthétique à l'université de Virginie, aux États-Unis.

Ses œuvres majeures ont trait à l'analyse du nombre d'or sous ses nombreux aspects – il sera d'ailleurs le seul à cette époque à l'avoir étudié de près. *Esthétique des proportions dans la nature et dans les arts* est publiée en 1927 ; en 1931 paraît *Le Nombre d'or : rites et rythmes pythagoriciens dans le développement de la civilisation occidentale*, en deux tomes. Il sera également le seul à faire la synthèse de l'histoire de ce nombre et à en rapporter les diverses orientations depuis l'Antiquité avec les civilisations égyptienne et grecque jusqu'aux dernières découvertes des mathématiciens de son époque (Cantor, Russel, Einstein et la loi du nombre). C'est lui qui a rassemblé en une vaste synthèse le plus grand nombre d'éléments en faveur de la théorie esthétique et harmonique de cette proportion. S'il a réussi à propager les différentes doctrines sur le nombre d'or au cours des siècles, il n'a cependant fait aucune découverte susceptible de confirmer les différentes thèses et s'est contenté d'écrire à la gloire de ce nombre en faisant intervenir toutes les grandes figures qui, tour à tour, se sont penchées sur ses mystérieuses vertus.

Sans avoir réalisé le travail d'exégèse de Ghyka, d'autres chercheurs, au cours du XXe siècle, se sont penchés sur ce nombre qui n'avait pas encore, semble-t-il, livré tous ses secrets, sans pour autant tenter de démontrer la valeur de ses propriétés. Il est bien sûr impossible de citer tous ceux qui, de près ou de loin, ont travaillé sur cette proportion, qui ne sera désormais plus étudiée que sous son angle esthétique, à travers les œuvres d'art seulement, laissant de côté les autres aspects de ce nombre. Songeons à Élisa Maillard qui, avec le concours du CNRS, publia à partir des années 1960 *Les Cahiers du nombre d'or*, tous consacrés à la peinture et à la sculpture : Albrecht Dürer en 1960, Églises byzantines en 1962, Églises du XIIe au XVe siècle en 1964, Botticelli en 1965, et enfin Le Parthénon en 1968. Dans chaque cas, elle a montré l'utilisation répétée de cette division dans les œuvres d'art et dans de nombreux édifices sacrés en les analysant à l'aide de diagrammes. Elle a ainsi passé en revue un grand nombre de tableaux très célèbres dont *La Naissance de Vénus* de Botticelli, *Hercule domptant le taureau de l'île de Crète* de Géricault, ainsi que des temples comme celui d'Amada en Nubie égyptienne ou le Parthénon, dont elle a fait l'étude géométrique, révélant au sein de sa composition une récurrence fréquente de la proportion d'or.

Il conviendrait également de citer les recherches approfondies de Dom Néroman sur ce sujet car il est, à ma connaissance, l'un des rares à avoir une vision métaphysique et ésotérique du nombre d'or en même temps qu'il a fait certaines démonstrations mathématiques susceptibles de l'appréhender comme un principe gouvernant la vie.

Sans s'intéresser particulièrement à cette valeur numérique, certains scientifiques ont cependant apporté des éléments prouvant la présence de cette proportion chez les êtres vivants sous la forme de la spirale d'or qui se déploie selon une courbe géométrique progressive régie par φ. D'Arcy Thomson avait déjà ouvert la voie en exposant ce phénomène dans son ouvrage[1] : « Il y a une force (que nous observons dans toutes les espèces vivantes actuelles et qui n'était pas si marquée dans les espèces disparues) qui tend à l'économie de la substance osseuse, avec une distribution de la matière constituante réalisant le maximum de puissance dans toutes les directions requises. » Plus récemment, fort de sa théorie selon laquelle tout être vivant, dans sa formation, traverse un stade liquide qui laissera une empreinte dans la structure adulte, l'hydrodynamicien Theodor Schwenk montre que certains os du corps humain présentent des traces arquées et spiralées rappelant la géométrie du nombre d'or, de même que l'oreille humaine serait conçue de telle sorte qu'elle reproduit la forme de la spirale logarithmique. Cependant, malgré de nombreuses et fructueuses recherches et démonstrations sur le rôle considérable de cette proportion tant dans les principes géométriques que dans les fondements de la vie, nombreux sont ceux qui restent sceptiques sur les propriétés spécifiques qui lui sont attribuées.

Après ce survol historique du nombre d'or qui a largement démontré l'attrait qu'il avait suscité, il apparaît indispensable de le soumettre à nouveau à un plus vaste contrôle (mathématique, géométrique, astronomique) afin de montrer l'influence qu'il peut exercer dans les activités des êtres vivants. Je m'appuierai donc sur les recherches et les découvertes les plus décisives faites au cours des siècles. Pour cela, il nous faudra revisiter la période de l'Antiquité, point de départ des premières observations.

---

1. D'Arcy Thomson, *Forme et Croissance*, éditions du Seuil, 1994.

Il faut d'abord avoir présent à l'esprit que le nombre d'or n'est pas, comme on serait tenté de le croire, une valeur numérique sortie tout droit de l'imagination d'un esprit mais, au contraire, une proportion qui s'est imposée lorsqu'il s'est agi de créer la gamme. Et c'est la notion fondamentale de *médiété* instaurée à cette époque qui va engendrer la découverte du nombre d'or. Pour exposer les premiers éléments concernant son émergence, j'emprunterai à Dom Néroman les explications qu'il a livrées dans son magnifique ouvrage[1] car il semble bien qu'il ait été l'un des rares à dévoiler avec beaucoup de rigueur et de perspicacité l'origine de cette proportion qui n'est due, comme nous allons le voir, ni à la fantaisie de l'homme, ni au hasard.

1. Dom Néroman, *op. cit.*

Première partie

LES MATHÉMATIQUES DU NOMBRE D'OR ET SES IMPLICATIONS DANS LES PHÉNOMÈNES VITAUX

1

LA FONCTION DES NOMBRES

« Les nombres sont le plus haut degré de la connaissance », disait Platon dans l'*Epinomis*, indiquant par là l'importance qu'il attachait aux nombres. De nos jours, cette idée a bien disparu puisque nous n'utilisons les nombres que pour résoudre des problèmes bien concrets. Pourtant, il n'y a pas si longtemps, Louis Claude de Saint-Martin écrivait : « Les nombres ne sont pas de simples expressions arithmétiques, mais des principes coéternels à la vérité. Ce sont des idées, des qualités, non des quantités. La géométrie ne s'applique pas aux quantités spatiales, mais à l'harmonie des formes ; l'astronomie n'étudie pas seulement les distances, les poids ou les températures, mais les rythmes de l'univers [...][1]. » Par ces propos, Saint-Martin se montrait un pythagoriste très fervent.

C'est qu'il convient de faire la distinction entre le nombre pur ou divin, faisant appel à la métaphysique,

---

1. Cité par Jean Chevalier & Alain Gheerbrant, *Dictionnaire des symboles*, Robert Laffont, 1982.

et le nombre scientifique, utilisé en arithmétique. À notre époque, nous n'utilisons plus guère les nombres que pour procéder à des calculs et nous n'avons plus conscience de leur rapport avec la structure de l'univers et celle de notre nature humaine. Nous les utilisons désormais comme une série d'unités, les ajoutant les unes aux autres afin de pouvoir comptabiliser divers éléments alors que le point de départ de l'unité n'est pas un processus additif mais au contraire un processus partitif, c'est-à-dire conduisant à la division. Ainsi, deux cellules proviennent d'une seule cellule par division et non par adjonction. Cela signifie que le nombre deux est déjà à l'origine dans l'unité et qu'il en est une composante, voire une résultante. Il a valeur de dualité, de séparation, de scission et prend de ce fait un sens métaphysique. Et il en est ainsi des nombres suivants.

On retrouve cette expérience en musique lorsque l'on fait résonner la corde d'un instrument : « La corde dans son ensemble donne un son, le son fondamental ou tonique correspondant à l'unité. Mais l'unité sous la forme du deux vibre aussi en même temps en tant que première harmonique, de même que l'unité sous la forme de trois le fait en tant que seconde harmonique, l'unité sous forme de quatre en tant que troisième harmonique *et cetera*[1]. »

Les nombres forment dès lors une structure indissociable et prennent un sens en fonction de certains critères de correspondances que l'Antiquité avait su percevoir et qui échappent bien souvent à notre monde contemporain.

---

1. Ernst Bindel, *Les Nombres et leurs fondements spirituels*, Éditions anthroposophiques romandes, 1985.

Rôle du nombre d'or : la médiété

Le développement des arts et des sciences incitèrent les Anciens à se pencher sur la notion de moyenne, qui domina toute la pensée de cette époque et conféra par la suite toute sa valeur au nombre d'or. Le cosmos étant ordonné et rythmé, le nombre est « l'essence éternelle de la réalité », ainsi que le définissait Nicomaque, lequel nous rapporte encore : « Le chaos primitif, manquant d'ordre et de forme, et de tout ce qui différencie suivant les catégories de la qualité, de la quantité, et cetera, fut organisé et ordonné d'après le nombre[1]. »

La vision du cosmos (avec ses orbes planétaires) est à l'origine de l'idée de proportion puis d'intervalle. Le développement de l'architecture demandera la subdivision d'une figure en deux parties. Mais sur quels critères s'appuyer pour faire en sorte que cette subdivision soit harmonieuse ? De manière intuitive sans doute, les architectes se tournèrent vers le ciel, sachant bien que celui-ci était agencé selon un ordre et une harmonie qui n'étaient pas dus au hasard. On retrouve également ce processus dans la gamme qui est à la base de la musique. Avec seulement deux notes formant l'octave, il est impossible de développer une mélodie qui exige que l'on comble l'intervalle de l'octave par l'intermédiaire d'une première note entre do grave et do aigu. Or, c'est au moyen des nombres que l'on trouva la première note intermédiaire entre do grave et do aigu. Et cette note est 2/3, moyenne arithmétique entre les fréquences 1 et 2 des notes bornant l'octave. C'est ainsi que l'on put dégager cette notion fondamentale

1. Matila C. Ghyka, *Le Nombre d'or*, Gallimard, 1959.

de moyenne, qui apparaît comme la clé de la structure du cosmos.

Il existe donc une loi qui permet de trouver une moyenne entre deux valeurs initiales que nous appelons *médiété*, terme qui désigne un concept très différent de celui de moyenne employé en comptabilité. La notion de médiété nous place donc en face d'une loi fondamentale de l'univers qui se retrouve en musique. Kepler s'est également attaché à comprendre la raison des harmonies musicales qu'il expliquait à partir de la division du cercle en polygones réguliers, ayant démontré qu'à partir de certains nombres il n'est pas possible de dessiner des figures connaissables puisque n'étant pas constructibles sur le cercle à l'aide du compas et de la règle. Parmi les harmonies musicales, il mentionne « la section d'une corde en deux parties de proportion une fois et demie entre elles est harmonique », celle-là même qu'évoque Dom Néroman et qui est la première subdivision à partir de l'octave. On constate que cette harmonie musicale est formée à partir du nombre 5. « Et parce que la partie 2 avec le reste 3 fait le total 5, de plus la partie 1 et son reste 4 consone avec le tout 5, par le corollaire ; donc encore le tout 5 consonera avec le double 2 de la partie consonante, par la proposition IV[1]. »

Les trois médiétés

Mais il existe d'autres médiétés qui aboutissent à d'autres résultats caractéristiques d'un autre art. Selon

1. Johannes Kepler, *L'Harmonie du monde*, A. Blanchard, 1979.

les pythagoriciens, il existe principalement trois sortes de médiété :

– *la médiété arithmétique* où il existe une relation d'égalité entre les deux termes : l'intervalle entre le plus grand extrême et le terme moyen est le même que l'intervalle entre le terme moyen et le plus petit extrême :

$$x = \frac{a + b}{2}$$

– *la médiété harmonique* où il n'existe plus à proprement dit de relation d'égalité entre les deux termes. Elle devient relative et s'applique à l'intervalle entre le plus grand extrême et le terme moyen rapporté au plus grand extrême et à l'intervalle entre le terme moyen et le plus petit extrême rapporté au plus petit extrême :

$$\frac{a - x}{a} = \frac{x - b}{b}$$

D'où : $x = \dfrac{2\,ab}{a + b}$

– *la médiété géométrique* : il existe une relation de progression entre les termes. Le rapport entre le plus grand extrême et le terme moyen est le même que le rapport entre le terme moyen et le plus petit extrême :

$$\frac{a}{x} = \frac{x}{b}$$

D'où : $x^2 = ab$ ou $x = \sqrt{ab}$.

On constate alors que la moyenne géométrique entre deux extrêmes (a et b) est également moyenne géométrique entre leurs moyennes musicales (m et h).

La médiété arithmétique est d'essence concrète puisqu'elle sert dans les problèmes de la vie quotidienne : moyenne des prix de deux objets. La médiété harmonique est d'essence sensitive puisqu'on recherche le son qui s'accorde le mieux avec un autre. Quant à la médiété géométrique, elle est gnostique car elle s'est élaborée au fur et à mesure des acquis de la connaissance.

La médiété de partition

La médiété de partition, ou partition mathématique, comprend la part, le reste et l'antimorie. Il s'agit d'un calcul géométrique employé en architecture, mais on l'utilise également en musique. C'est une opération qui consiste à partager un entier en deux parties qui sont inégales car nous avons vu qu'en musique l'égalité n'était pas source de création puisqu'elle ne comble pas les intervalles d'octave. En architecture, on a sûrement fait appel aux proportions humaines qui montrent que la partie qui soutient l'homme (les jambes et le bassin), celle qui va des pieds jusqu'au nombril, est plus longue que celle qui est soutenue (du nombril au sommet de la tête). Il en va de même pour les temples dont la partie composée des colonnes est plus grande que la partie composée de l'architrave et du fronton. Il apparut alors que c'étaient là les proportions qu'il fallait respecter pour qu'un édifice puisse être élevé dans de bonnes conditions et résister à toutes sortes d'intempéries, mais aussi pour qu'il respecte la notion d'harmonie et soit structuré à l'image du ciel où vivaient les dieux.

La figure 2 nous montre visuellement la méthode permettant de trouver cette médiété :

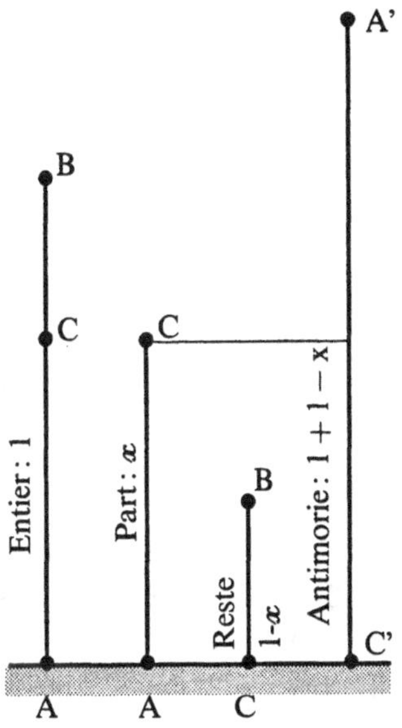

Figure 2. La partition de l'entier.

La plus grande des deux parties s'appelle la *part* = x (l'entier moins le reste) et la plus petite le *reste* = 1 − x (l'entier moins la part). L'*antimorie* = 1 + 1 − x (l'inverse de la part), c'est-à-dire l'entier plus le reste. On constate ainsi que chaque partition se déduit des autres, ce qui permet d'élaborer une structure où règne l'unité.

Dom Néroman démontre avec ces notions de médiété de partition que si l'on veut calculer l'antimorie géométrique, on a pour résultat l'équation du second degré suivante :

$$G = \frac{1 + \sqrt{5}}{2} = \frac{1 + 2{,}236}{2} = 1{,}618$$

qui nous donne le nombre d'or.

Pour plus de détails sur ces calculs, je conseille au lecteur de se reporter à l'ouvrage de Dom Néroman, *Le Nombre d'or*, dans lequel il expose avec beaucoup de clarté comment le nombre d'or, loin d'être un choix arbitraire, s'impose lorsque l'on procède au calcul de la médiété géométrique, et apporte ainsi la preuve mathématique qu'il possède des propriétés spécifiques. On comprend dès lors mieux pourquoi cette proportion est dite « harmonieuse », puisqu'elle a servi à créer la gamme. Une fois établie de façon indiscutable le pouvoir du nombre d'or, il reste à examiner comment il se manifeste. Une première piste vient d'être évoquée grâce à la gamme, mais il semble qu'il se manifeste également au sein même du vivant et qu'il soit l'un des principes gouvernant la vie. Mais, avant de pouvoir démontrer cette hypothèse, poursuivons nos recherches sur φ.

La Tétraktys

Semblable à la médiété de partition se présente la Tétraktys dont la découverte par Pythagore fut considérée comme capitale à tel point qu'elle devint l'emblème de ses disciples. Elle est la suite des quatre premiers nombres (1, 2, 3, 4) qui, quand on les ajoute, donnent le nombre 10. Cette série de nombres évoque la décade, symbole de l'univers et des qualités dynamiques de la croissance triangulaire lorsqu'elle est agencée sous la forme d'une pyramide. Elle représente alors l'ensemble des connaissances :

Feu	o	Esprit créateur
Air	o o	Matière
Eau	o o o	Union de l'esprit et de la matière
Terre	o o o o	Forme créée

La décade est donc la clé de la création et préside à la naissance de tout être. Sa moitié, la pentade, procède également de la même essence. Or on sait qu'avec ces deux nombres – le 10 et le 5 – la géométrie nous permet de tracer le pentagone et le décagone étoilé dont les proportions s'appuient précisément sur le nombre d'or. Et c'est sans doute pour cette raison qu'il fut considéré comme la divine proportion, puisqu'on le trouve à l'œuvre dans ces figures. Je reviendrai ultérieurement sur ces deux polygones tant ils sont directement liés de par leur structure à l'essence même du nombre d'or.

Au fil de ces propos, nous commençons à entrevoir l'importance de cette proportion grâce à ses qualités harmonieuses puisque l'on a vu qu'elle joue un rôle primordial dans les structures musicales et architecturales mais également qu'elle est symbole de création et de vie, procédant directement de la décade et de la pentade. Elle acquiert par conséquent un sens bien particulier permettant d'appréhender l'essence même du monde vivant.

Afin d'en apprécier tous les aspects, abordons tout d'abord ce nombre sous l'angle des mathématiques et de la géométrie. Il sert à déterminer une proportion car ainsi que le mentionne Platon dans le *Timée* : « Il est impossible de bien combiner deux choses sans une troisième : il faut entre elles un lien qui les assemble. Il n'est pas de meilleur lien que celui qui de lui-même et des choses qu'il unit fait un seul et même tout. Or, telle est la nature de la proportion [...]. »

2

LE NOMBRE D'OR EN MATHÉMATIQUES

Le nombre d'or est donc un nombre irrationnel dont la valeur exacte est égale à $\frac{1}{2}\left(1+\sqrt{5}\right)$. Il permet la division d'un segment de droite en moyenne et extrême raison[1].

Division d'un segment de droite en moyenne et extrême raison

Considérons un segment de droite AB. Nous voulons déterminer un point M situé entre A et B tel que :

$$\frac{AB}{AM} = \frac{AM}{MB}$$

Ce qui donne : $AB^2 = AM\,(AB + AM)$

De là, on peut tracer la figure géométrique suivante :

1. Marius Clayet-Michaud, *Le Nombre d'or*, PUF, « Que sais-je ? », 1973.

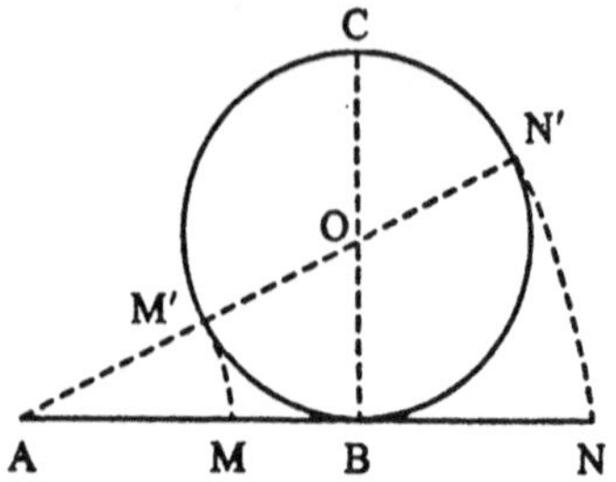

Figure 3. Division d'un segment de droite en moyenne et extrême raison (d'après Marius Clayet-Michaud, Le Nombre d'or*).*

Traçons le segment de droite BC perpendiculaire à AB et de longueur BC = AB. Formons le cercle de diamètre BC et de centre O, ainsi que la droite passant par A et O, qui coupe le cercle aux points M' et N', sachant que :

$AB^2 = AM' \times AN' = AM' (AM' + M'N')$; et puisque $M'N' = BC = AB$, alors $AB^2 = AM' (AB + AM')$.

Cette dernière expression est semblable à l'expression précédente : $AB^2 = AM (AB + AM)$.

On en déduit que : AM = AM'.

Pour obtenir le point M, il suffit de porter sur AB une longueur égale à AM'. Le point M se trouve donc défini par le rapport AB/AM et ce rapport n'est autre que le nombre d'or.

Reportons, à partir de A, sur le segment AB prolongé vers la droite, une longueur AN = AN', et l'on constate que :

$$\frac{AB}{AM} = \frac{AB}{MB} = \varphi$$

Le point B divise donc le segment AN en moyenne et extrême raison, de la même façon que M divise le segment AB dans les mêmes conditions.

Le rapport AB/AM n'est autre que le nombre d'or. Il existe une double propriété représentée par le nombre φ :

$$AB = AM + MB$$

L'un des segments est la somme des deux autres. Les quatre segments MB, AM, AB, AN pris dans cet ordre ont des longueurs qui forment une progression géométrique croissante de raison égale à φ.

D'emblée, il faut faire observer que dans le partage d'une droite en moyenne et extrême raison selon les critères de la section dorée, on aboutit à l'idée de croissance qui est à l'origine de toute vie.

Équation donnant le nombre d'or

$$AB = a \text{ et } AM = \frac{a}{\varphi}$$

D'où :

$$a^2 = \frac{a}{\varphi}\left(a + \frac{a}{\varphi}\right)$$

et, a s'éliminant du calcul : $\varphi^2 - \varphi - 1 = 0$.

Cette équation a deux racines de signes contraires :

$$\frac{1 + \sqrt{5}}{2} = \varphi \ (1{,}61803399...)$$

$$\frac{1 - \sqrt{5}}{2} = \frac{-1}{\varphi} = -\varphi - 1 = -0{,}618$$

Le nombre d'or dans les figures géométriques (pentagone et décagone convexes et étoilés)

On retrouve également cette proportion dans les décagones et pentagones réguliers : leurs structures sont commandées par le nombre d'or.

Décagone régulier convexe et étoilé de côté AB
Pentagone régulier convexe et étoilé de côté AC

$$\frac{\mathrm{AC}}{\mathrm{OA}} = \frac{\mathrm{OA}}{\mathrm{AB}} = \varphi$$

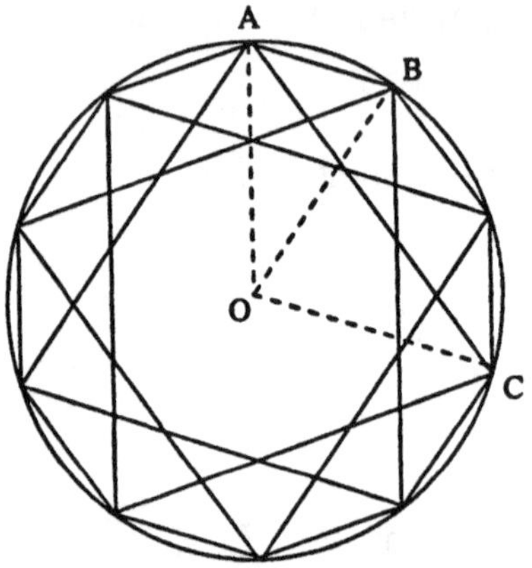

Figure 4.
(d'après Marius Cleyet-Michaud, Le Nombre d'or*).*

Le nombre d'or est le rapport du côté du décagone étoilé au rayon du cercle circonscrit.

$$\frac{\mathrm{AC}}{\mathrm{AB}} = \varphi$$

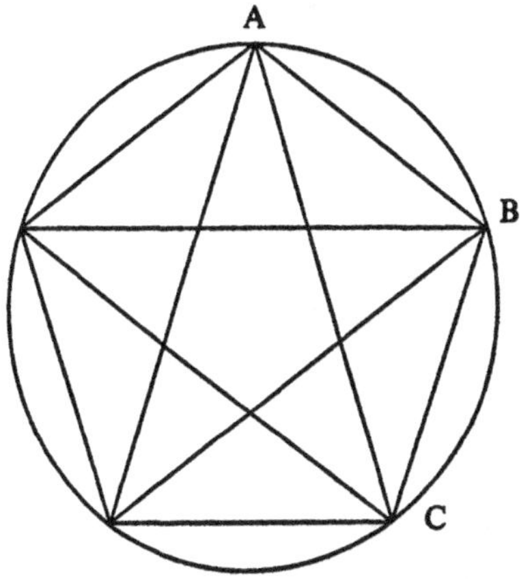

Figure 5. Pentagone régulier convexe et étoilé de côté AC (d'après Marius Cleyet-Michaud, Le Nombre d'or*).*

Dans le pentagone étoilé, on dénombre vingt sections d'or et cent dans le décagone étoilé. C'est dire si ces polygones à cinq et dix côtés sont entièrement régis par cette proportion et combien, par conséquent, il existe un lien étroit entre les nombres 5 et 10 et le nombre d'or.

Avec ces deux figures, les Anciens avaient sous les yeux le nombre d'or et si on lui a attribué une importance privilégiée, c'est sans doute parce que l'homme possède dix doigts répartis en deux mains de cinq doigts, mais également cinq sens. C'est pourquoi on a dit du nombre 5 qu'il était le nombre de l'homme. Il faut considérer aussi le nombre 5 comme l'addition du nombre 2 et du nombre 3, sachant que le premier est un nombre pair en analogie avec le sexe féminin et le second un nombre impair en analogie avec le sexe masculin. Ces remarques indiquent que le 5 est nombre nuptial. Allant plus loin dans ce sens, je vais montrer que ces deux valeurs numériques sont à l'origine de la croissance vitale qu'elle soit humaine, animale ou végétale.

Les pentagones et décagones étoilés nous donnent également l'occasion de définir plus précisément encore la signification du nombre d'or. En effet, à l'intérieur de l'un comme de l'autre, on peut reproduire une autre figure identique dans des proportions régies par φ et ainsi de suite jusqu'à l'infini. On comprend alors que ces deux nombres sont facteurs de perpétuation, puisque les figures s'emboîtent les unes dans les autres dans une sorte d'expansion illimitée, ou inversement vers un centre de structuration représentant l'unité. Nous voici donc en face de l'image même de la croissance, de la relation entre le microcosme et le macrocosme, de l'interdépendance entre l'homme et l'univers qui se produit sous l'action de ces valeurs numériques.

Ces différentes notions nous ramènent de nouveau au principe de vie qui se réalise avec l'union des sexes opposés, source de la perpétuation de l'espèce, et expliquent pourquoi la section dorée fut intuitivement sacralisée et considérée comme d'essence divine par les Anciens qui imaginaient que le ciel était peuplé de dieux et qu'eux-mêmes étaient faits à l'image des divinités. Cette vision se retrouve d'ailleurs dans les temples érigés à l'époque hellénistique et dont les frontons reproduisent les dimensions d'un triangle d'or, appelé « delta lumineux ».

C'est aussi à Pythagore que l'on doit la découverte selon laquelle il n'existe que cinq polyèdres réguliers et cinq seulement : le tétraèdre (quatre faces), le cube ou hexaèdre (six faces), l'octaèdre (huit faces), le dodécaèdre (douze faces) et l'icosaèdre (vingt faces). Or, en vertu de la théorie des quatre éléments, Platon attribua au premier polyèdre le feu, au second la terre, au troisième l'air et au cinquième l'eau. Quant au quatrième, le dodécaèdre, exclu des correspondances mentionnées ci-dessus, Platon lui assigna une place bien supérieure en considérant que « c'est à l'Univers que Dieu en fit l'application, pour en établir le plan ». Les deux derniers polyèdres peuvent être reliés au nombre d'or puisque les douze faces du dodécaèdre sont des pentagones réguliers convexes tandis que les vingt faces de l'icosaèdre sont des triangles équilatéraux présentant trente arêtes qui peuvent être groupées cinq par cinq de douze façons différentes pour former également des pentagones réguliers convexes. On n'ignore pas cependant que les Anciens avaient désigné un cinquième élément appelé « éther » qui, selon eux, était invisible, impalpable et circulait seulement dans la partie supérieure du ciel, là où séjournaient les dieux. En mythologie, grand livre ouvert sur les images primordiales de l'univers, Æther est la personnification du ciel supérieur et il est dit que, uni à Jour, il engendra la Terre, le Ciel et la Mer. En d'autres termes, il fut à l'origine de l'éclosion de la vie. C'est sans doute la raison pour laquelle ce cinquième élément (une fois de plus ce nombre se manifeste) représentait dans l'inconscient des Anciens l'émanation de la vie, dont les mécanismes demeurent invisibles.

3

Découvertes sur le nombre d'or au cours de l'Histoire

Agrippa de Nettesheim

Il fallut attendre l'époque de la Renaissance pour que soient confirmées dans certains ouvrages les propriétés de la section dorée ainsi que ses correspondances. C'est Agrippa de Nettesheim qui, dans son *De occulta philosophia*, révèle les relations analogiques qui existent entre l'homme et l'univers, et entre microcosme et macrocosme en s'appuyant sur la géométrie du nombre d'or.

Ainsi commente-t-il cette gravure représentant l'homme inscrit dans un pentagramme : « Trace-t-on, à partir du centre, une circonférence qui passe par le sommet de la tête, écarte-t-on les bras de telle sorte qu'ils touchent la circonférence et place-t-on les pieds ainsi qu'ils soient tangents à cette dernière en formant entre eux un segment d'égale longueur à ceux qui vont du sommet de la tête à l'extrémité des doigts, qu'on a cinq portions de circonférence égales entre elles, ce qui revient à dire qu'on a un pentagone régulier, de la

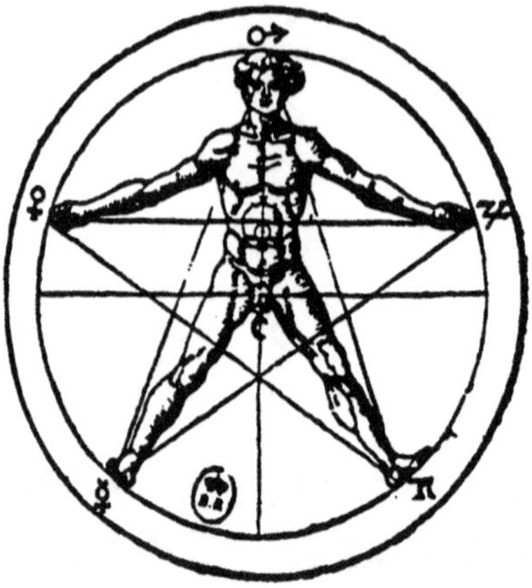

Figure 6. L'homme-microcosme (d'après Agrippa de Nettesheim).

même façon qu'une ligne qui relierait la plante des deux pieds formerait la base d'un triangle équilatéral dont la pointe serait le nombril[1]. »

En un raccourci saisissant, le célèbre philosophe nous permet d'appréhender visuellement le rapport qui existe entre l'homme (avec ses deux jambes, ses deux bras et sa tête) le nombre 5, le nombre d'or et le cosmos symbolisé par le cercle.

Ainsi, au fur et à mesure que l'on tente de définir le symbolisme du nombre d'or, on aboutit toujours aux conceptions s'orientant autour des processus de vie, celle-ci se perpétuant à travers l'union du féminin et du masculin et autour du rapport d'identité entre microcosme et macrocosme.

Poursuivons néanmoins plus loin notre quête sur le sens profond de ce nombre afin d'en cerner toutes les orientations possibles et nous serons alors encore plus en mesure d'en comprendre les effets.

1. *La Philosophie occulte*, Éditions Traditionnelles, 1986.

Léonard de Pise

Au XIIIe siècle, Fibonacci, appelé aussi Léonard de Pise, tenta de résoudre le problème de la prolifération des lapins. Il entreprit alors ses recherches en posant les hypothèses suivantes: un couple de lapin (première génération) donne naissance uniquement à un couple de lapin à la deuxième génération, puis un couple à la troisième génération et ainsi de suite indéfiniment. Fibonacci énonça le problème ainsi : $Un = Un_1 + Un_2$.

Partant du postulat que $U_1 = 1$ et $U_2 = 1$ puisque le nombre des descendants est supposé égaler celui des parents, il suffit d'écrire la suite des nombres de naissance à chaque génération en additionnant à chaque fois la somme des deux derniers nombres: 1, 1, 2, 3, 5, 8, 13, 21, 34, 55, 89, 144, 233, 377, 610, 987, 1 597, 2 584, 4 181, 6 765, etc.

Il eut alors l'idée de comparer chaque nombre au précédent en calculant le quotient de leur valeur. Le résultat de cette opération fut riche d'enseignement puisqu'au fur et à mesure des générations il constata que ce quotient s'approchait du nombre d'or jusqu'à l'atteindre et s'y stabiliser au bout de la vingt et unième génération.

Si les Anciens avaient eu l'intuition que le nombre d'or était le nombre de la vie, une fois de plus, quelques siècles plus tard, Fibonacci démontrait cette idée à l'aide de calculs mathématiques. Un pas de plus était donc franchi pour attester du sens de ce nombre. De cette formule mathématique, appelée série de Fibonacci, on peut émettre l'hypothèse que la perpétuation de la vie est assurée seulement à partir de la vingt et unième génération. C'est ainsi que le nombre 21 prend un sens particulier puisqu'il marque le stade à partir duquel la vie est susceptible de se maintenir. Remarquons que, quel que soit le nombre de départ choisi, on aboutit au même résultat, ce qui conforte largement les déductions précédentes.

C'est sans doute également la raison pour laquelle on a choisi la lettre φ, vingt et unième lettre de l'alphabet grec, pour désigner le nombre d'or. Nous retrouverons la manifestation de ce nombre à plusieurs reprises au fil de ces pages, notamment sous forme d'angle, ce qui nous permettra de mieux saisir encore le sens primordial de la section dorée. Ayons également présent à l'esprit qu'en symbolisme le nombre 21 « contient les rapports du principe d'individualité 1 à la différenciation cosmique 20 [...] ainsi le principe d'individualité, placé entre le monde de l'esprit et celui de la matière, réalise en lui-même la réunion des deux[1] ».

La relation entre la série de Fibonacci et le nombre d'or peut d'ailleurs être établie d'une autre manière. Pour cela, il suffit de prendre la racine négative de φ, de l'élever au carré et de pousser le calcul jusqu'à 0,61803399 puissance 14 ; voici les résultats que nous obtenons :

0,61803399 × 0,61803399 = 0,38196601
0,381966011 × 0,61803399 = 0,23606797
0,23606797 × 0,61803399 = 0,14589803
0,14589803 × 0,61803399 = 0,09016994
0,09016994 × 0,61803399 = 0,05572502
0,05572502 × 0,61803399 = 0,03443996
0,03443996 × 0,61803399 = 0,02128506

1. René Allendy, *Le Symbolisme des nombres*, Éditions Traditionnelles, 1984.

0,02128506 × 0,61803399 = 0,01315489
0,01315489 × 0,61803399 = 0,00813017
0,00813017 × 0,61803399 = 0,00502472
0,00502472 × 0,61803399 = 0,00310544
0,00310544 × 0,61803399 = 0,00191927
0,00191927 × 0,61803399 = 0,00118617

Observons les premiers chiffres après la virgule des puissances successives de la racine négative du nombre d'or et l'on s'aperçoit qu'y est incluse la série de Fibonacci dans son déroulement décroissant : 618, 381, 236, 145, 90, 55, 34, 21, 13, 8, 5, 3, 2, 1.

Adolf Zeysing

Après la Renaissance, et suite aux grandes découvertes scientifiques, on n'eut plus que dédain pour les interprétations ésotériques désormais considérées comme de pures spéculations ne reposant sur aucun fondement ; ainsi disparut le culte du nombre d'or. Il fallut attendre la deuxième moitié du XIXe siècle pour que certains savants lui témoignent un nouvel intérêt. À cette époque, les recherches le concernant furent presque exclusivement d'ordre psychologique et esthétique. Matila C. Ghyka retrace dans les deux ouvrages qu'il consacre à ce sujet les différentes étapes de ce cheminement. Ce fut l'Allemand Zeyzing qui, vers 1850, redécouvrit les rapports de la divine proportion avec le monde vivant. C'est précisément dans les proportions du corps humain et des espèces animales qu'il retrouva ce nombre. Il s'aperçut d'abord en étudiant la statuaire grecque que le nombril divisait le corps en moyenne et extrême raison, c'est-à-dire en une section dorée, et en effectuant des mesures sur des milliers de corps humains, il put en tirer les mêmes lois.

Dans ses *Aestetische Forschungen* publiées en 1855, il écrit : « Pour qu'un tout, partagé en deux parties inégales, paraisse bien au point de vue de la forme, l'on doit avoir entre la petite partie et la grande, le même rapport

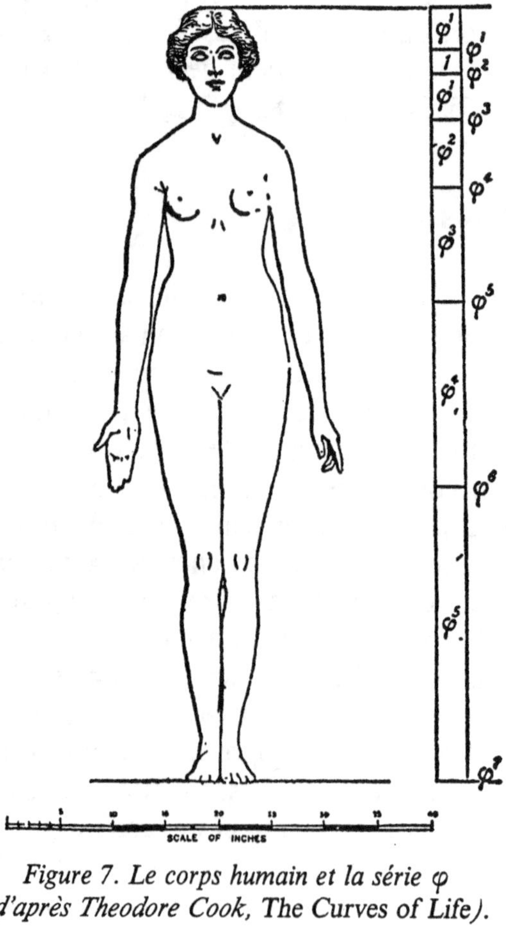

Figure 7. Le corps humain et la série φ (d'après Theodore Cook, The Curves of Life*).*

qu'entre la grande au tout. » Cette loi des proportions se trouve réalisée dans les proportions du corps humain et des espèces animales qui se distinguent par l'élégance de leurs formes.

Les travaux de Zeyzing confirment donc l'étroite relation qui existe entre le nombre d'or et le principe de vie puisque les proportions des hommes aussi bien que celles des animaux sont régies par cette loi. On peut également étendre celle-ci au monde des végétaux, qui se trouve en partie gouverné selon ces mêmes critères. C'est ainsi que nombre de fleurs sont formées selon une disposition pentapétale, alors que dans la nature inanimée on constate au contraire l'absence du nombre 5. Il existe des formations minérales construites sur les nombres 2, 3, 4 ou 6 mais jamais sur le nombre 5. Ces observations renouvelées m'incitent dès lors à penser que la structure du nombre 5, d'où est issue également la section dorée, prédispose à l'émergence de la vie sur notre planète, induisant par conséquent les notions d'harmonie, d'équilibre et d'eurythmie pour reprendre le terme des Anciens.

Un dernier exemple, sans doute plus significatif, de la présence du nombre 5 dans l'univers végétal, sera propre à nous éclairer sur ses ressorts les plus cachés. C'est en effet dans la pomme, symbole du fruit de la Connaissance, que l'on retrouve également ce nombre sous la forme d'une étoile à cinq branches. Seulement ces indices n'apparaissent pas directement comme c'est le cas pour d'autres espèces végétales. Il convient en effet pour cela de ne pas couper une pomme, comme on a l'habitude de le faire, en suivant une ligne parallèle à l'axe de son pédoncule mais, au contraire, selon une trajectoire perpendiculaire. Les pépins situés au centre du fruit se trouvent alors disposés de telle sorte qu'ils forment la figure géométrique du pentalpha. C'est pourquoi on désigne cette opération sous le nom de « coupe ésotérique d'une pomme[1] ». Il faut peut-être voir dans cette manifestation l'idée que l'homme doit s'appuyer à la fois sur des hypothèses scientifiques, mais également sur des observations ésotériques pour pouvoir percer certains secrets de la nature et de la vie.

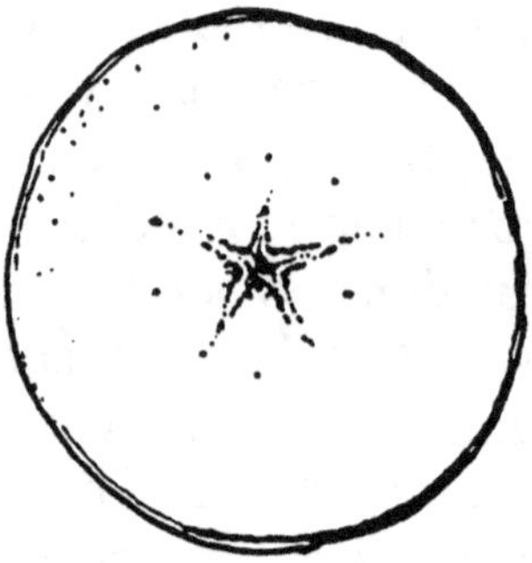

Figure 8. Coupe ésotérique d'une pomme (d'après Jacques Trescases, L'Étoile flamboyante*).*

Considérée comme régissant l'équilibre et l'harmonie du monde, cette proportion fut largement utilisée dans les arts, notamment chez les peintres, les sculpteurs, les architectes, les musiciens et même les poètes. En témoignent, entre autres, certaines œuvres bien connues comme le Parthénon, la cathédrale d'Amiens, *La Naissance de Vénus* de Botticelli, les œuvres de Beethoven, etc. Ces quelques exemples permettent de constater que, de tout temps, on utilisa les vertus du nombre d'or à des fins esthétiques et harmonieuses.

1. Jacques Trescases, *L'Étoile flamboyante*, Guy Trédaniel, 1993.

La loi des angles dans la croissance des plantes

Une autre découverte faite également par Zeyzing achèvera sans doute de convaincre le lecteur de l'étroite relation qui existe entre le nombre d'or et le processus de la vie car le savant découvrit une « loi des angles » que Matila C. Ghyka rapporte dans son ouvrage : « [Zeyzing] découvre une loi des angles pour les écartements angulaires des branches correspondant à celle du partage en φ du corps humain par le nombril, à savoir que la valeur moyenne de cet écartement angulaire est de 137° 30' 28" [...]. Il est intéressant de constater avant d'entrer dans plus de détails, qu'on a trouvé après coup une raison utile pour la présence de cette section dorée angulaire en botanique : si l'on calcule quel angle constant les feuilles ou les branches d'une plante (disposées en hélice ascendante sur la tige ou le tronc) doivent faire entre elles pour s'assurer le maximum d'exposition à la lumière verticale, ou ce qui revient au même, pour que leurs projections horizontales ne se recouvrent jamais exactement, on trouve comme solution mathématique cet angle de 137° 30' 28"[1]. »

Cette image de la plante fait aussi irrésistiblement penser à la molécule d'ADN, dont les deux brins s'enroulent l'un autour de l'autre selon une trajectoire hélicoïdale.

Voici dès lors confirmée la preuve que la croissance des plantes se fait également dans les meilleures conditions grâce à un rapport angulaire issu de la division du cercle par φ. Cette constatation est riche de perspectives

1. Matila C. Ghyka, *Esthétique des proportions dans la nature et dans les arts*, éditions du Rocher, 1998.

puisqu'elle établit pour la première fois que ce nombre peut être un dénominateur commun entre le monde vivant terrestre et les influences célestes. Il reste toutefois à le démontrer.

4

PHI ET LA BIOLOGIE

Présence du nombre 5 dans la structure biologique de l'homme (ADN)

Poursuivant sur la voie tracée par les chercheurs au cours des âges, j'ai fait certaines observations qui confirment le caractère unique et bien spécifique du nombre d'or à tel point que l'on peut concevoir le culte que les pythagoriciens lui vouaient. Et c'est d'abord à travers la présence du nombre 5, proche parent du nombre d'or, au cœur des mécanismes de la vie, que l'on va pouvoir poursuivre le fil des découvertes et que vont s'accumuler les preuves en faveur des propriétés de φ.

Concernant les processus biologiques, plus particulièrement chez l'homme, certaines observations sur la structure de l'ADN (acide désoxyribonucléique), qui contient les facteurs responsables des caractères héréditaires d'un être vivant, corroborent étonnamment les liens qui ont été faits entre le monde vivant et le nombre 5.

Des études ont montré que la structure de cette molécule, découverte par Watson et Crick en 1953, était responsable des caractères anatomiques, physiologiques et pathologiques d'un organisme. Du point de vue qui nous concerne, il est intéressant de noter que le filament d'ADN mesure 2,40 mètres et que chacun des 46 chromosomes humains contient donc 5 centimètres d'ADN. Ce filament est constitué d'une double hélice dont les deux brins s'enroulent l'un autour de l'autre, chacun d'eux étant formé d'une chaîne d'unités nucléotides (constituants élémentaires des acides nucléiques), chaque chaîne contenant trois molécules :

– une molécule de sucre ;
– un groupement de phosphate ;
– une molécule d'une substance nommée base azotée.

La molécule de sucre est appelée désoxyribose – du nom de l'ADN – et il est représenté par un pentagone à cause de la forme de sa molécule. On l'appelle pentose parce qu'il est composé de cinq atomes de carbone.

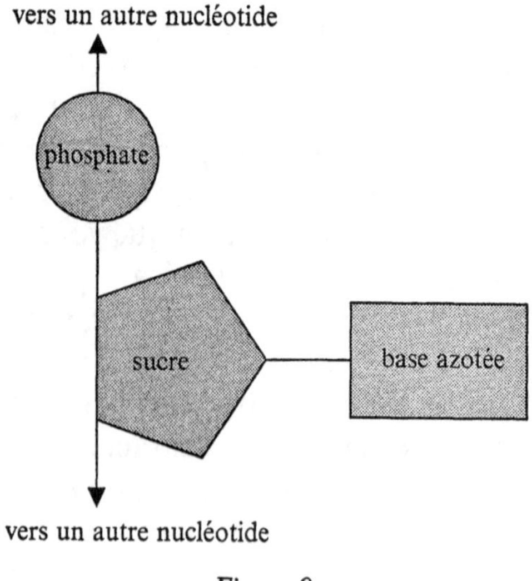

Figure 9.
(d'après Roger Caratini, Dictionnaire des découvertes*).*

Il faut également savoir que l'hélice de l'ADN est égale à 34 angströms par tour, ce nombre faisant partie de la série de Fibonacci (1, 1, 2, 3, 5, 8, 13, 21, 34...) évoquée à propos du pouvoir croissant de φ ; nous verrons plus loin qu'il fait parti de la gamme des angles d'or. De même, chaque tour de l'hélice est composé de 10 unités, valeur numérique générant également le nombre d'or, comme on l'a vu en géométrie (voir *infra*, chapitre 2).

Ces éléments montrent que nous retrouvons à plusieurs reprises dans la structure physiologique de l'être humain la structure pentagonale, laquelle détient le pouvoir d'engendrer le nombre d'or, ainsi que les indices de ce nombre. Les éléments les plus manifestes sont, bien sûr, les cinq doigts des pieds et des mains, puis viennent les proportions du corps qui nécessitent déjà d'être soumis à une vérification, enfin – indices encore plus probants bien que moins évidents à discerner – l'ADN au sein duquel on vient de constater à plusieurs reprises la présence de ces valeurs numériques.

De la reproduction du nombre d'or en mathématiques à l'unité et à l'harmonie

Si ce nombre possède encore pour certains cette aura mystérieuse qu'il détient depuis des siècles, d'autres n'y voient en revanche qu'une valeur algébrique incommensurable comme il en existe tant en mathématiques. Et ce sont précisément les mathématiciens qui ne trouvent en ce nombre rien d'exceptionnel, puisqu'il fait partie de la catégorie des incommensurables du fait de son caractère irréductible. En effet, si l'on se contente d'une approximation de trois décimales après la virgule, 0,618... (c'est ainsi qu'il se présente sous sa forme la plus simplifiée) est le résultat de l'équation suivante dont une racine est positive et l'autre négative :

$$\frac{1+\sqrt{5}}{2} = 1{,}618$$

$$\frac{1-\sqrt{5}}{2} = -0{,}618$$

Mais, pour l'instant, rien ne laisse supposer que 0,618... se différencie du point de vue mathématique de ses semblables. Il est vrai qu'aucune explication d'ordre logique ou rationnel ne semble plaider en faveur de ses réputées propriétés divines. Et pourtant, depuis la plus haute Antiquité, on en a fait le nombre de l'harmonie, de l'esthétique et de l'eurythmie. C'est sur lui que repose la splendeur de certaines pyramides (Khéops) ou de certains temples (le Parthénon, le Dôme de Milan...), de certaines cathédrales édifiées par les confréries de Compagnons, sur lui également que certains peintres comme Léonard de Vinci ou Albrecht Dürer, pour ne citer qu'eux, réalisèrent leurs œuvres les plus réputées, que les grands musiciens, Beethoven et Schubert entre autres, composèrent les partitions les plus sublimes, et que les poètes enfin, de Victor Hugo à Baudelaire en passant par Dante et Valéry, ciselèrent leurs plus beaux vers. En dépit de ces constatations, nous ne sommes pas plus avancés sur les véritables causes de ses propriétés si remarquables. Voilà un mystère qui dépasse l'entendement. C'est pourquoi il est indispensable d'apporter des éléments capables de rendre compte des propriétés ci-dessus mentionnées. Alors, la place exceptionnelle attribuée à la proportion dorée au cours des siècles par les divers courants ésotériques cessera d'être considérée comme une vulgaire croyance dénuée de tout fondement scientifique. Il faut reconnaître que si la majorité des ouvrages consacrés à ce sujet apportent de nombreuses observations tendant à dégager des critères qui octroient à ce nombre des signes particuliers, en revanche aucune démonstration n'a été établie dans ce sens.

Nous savons que φ est une proportion capable de diviser un segment non pas en deux parties égales mais d'après le principe de moyenne et extrême raison, c'est-à-dire de façon asymétrique, et de telle sorte que sa plus grande partie, lorsqu'elle est élevée au carré, donne comme résultat la plus petite. Ce qui veut dire que cette proportion s'appuie sur le principe de la croissance géométrique.

C'est dans ces conditions mathématiques qu'on aboutit au principe d'harmonie et d'esthétique. Nous allons voir que φ est également bien plus que cela, qu'il participe du principe de reproduction et, par conséquent, à l'essence même de la vie lorsque l'on prend sa racine négative.

On sait que : $\frac{1}{\varphi} + \left(\frac{1}{\varphi}\right)^2 = 1$, et qu'il est par conséquent le seul nombre irrationnel à atteindre l'unité par simple dérivation de lui-même.

On en déduit donc qu'aucune autre proportion ne peut mieux diviser un segment en moyenne et extrême raison que φ. Et c'est la raison pour laquelle il est le nombre de l'harmonie par excellence puisqu'il est capable, à lui seul, de reconstituer un entier.

On peut dès lors en donner la définition suivante : φ *est le seul nombre irrationnel qui, lorsqu'on l'additionne à sa valeur au carré, peut atteindre l'unité.*

Mais si l'unité n'est en mathématique qu'un nombre entier, elle est en revanche bien plus que cela sur le plan symbolique, puisqu'elle est synonyme d'ordre, de perfection et d'idéal à atteindre, et se trouve étroitement liée dans sa représentation à l'harmonie qui, dans son acception première, détient également les mêmes propriétés et le même sens qu'elle. Car c'est bien en effet lorsqu'il vit dans la division et dans le chaos que l'homme se trouve en conflit avec lui-même et qu'il est incapable de s'accomplir. Il devient dès lors plus évident de comprendre pourquoi ce nombre est sûrement le seul à détenir ce pouvoir d'harmonie et par conséquent d'esthétique (l'une engendre nécessairement l'autre) que certains lui ont intuitivement accordé, et pourquoi il a toujours été employé avec autant de succès dans divers domaines artistiques pour lesquels ces notions sont la pierre angulaire de toute création.

Et puisque φ est la proportion la plus congruente pour parvenir à l'unité, nous pouvons alors établir avec certitude qu'il entretient un rapport privilégié avec celle-ci. Or, qu'est-ce que l'unité, sinon le principe de toute chose, la racine primordiale d'où tout part et à laquelle tout revient ? Elle symbolise l'idée de Création qui est à l'origine de la vie. C'est ainsi que le nombre d'or, en ce qu'il est capable par reproduction de créer l'unité, participe lui aussi de la Création. Même si cette comparaison peut paraître étonnante, on comprend bien que les raisonnements mathématiques ne sont que l'expression sous forme d'abstraction des mécanismes qui gouvernent la nature et que l'homme a retrouvés de cette manière. Lorsque je définis φ comme un nombre qui aurait certaines affinités avec l'unité, cette opération n'est pas sans évoquer le principe de la reproduction biologique dans laquelle les êtres vivants, en s'accouplant, donnent naissance à un autre être vivant, unité à part entière. Cette correspondance, qui *a priori* peut laisser sceptique, se trouve néanmoins confirmée dans le fait que l'on retrouve également ce nombre dans les proportions du corps humain. Toutes les parties du corps, aussi bien les jambes que la tête et le torse, procèdent de cette division. Il s'avère d'ailleurs que le nombril est la première subdivision du corps en moyenne et extrême raison. Il est le point d'intersection le plus primordial régi par la section dorée. Cette observation nous incite aussitôt à comprendre qu'il existe un lien entre la section dorée, nombre de vie, et le cordon ombilical, agent de la vie intra-utérine. D'où l'importance quasi divine que les Anciens attachèrent au nombre d'or.

De la sexualité à la reproduction

Dans cette perspective, il est intéressant de considérer une autre proportion qui, elle aussi, permet d'atteindre l'unité et qui est tout simplement le nombre 0,5, sauf qu'avec lui on ne peut diviser un segment qu'en deux parties égales. Ce partage, s'il est plus simple à faire, est en revanche moins harmonieux que le précédent, dans la mesure où il n'implique pas le principe de reproduction qui est le mécanisme de la vie par excellence.

Pour établir la différence, autre que mathématique, entre 0,618... et 0,5 en tant que moyen de diviser un segment, revenons à la figure 6 (page 54) dans laquelle Agrippa de Nettesheim montre que le nombril divise le cercle en moyenne et extrême raison alors que le sexe le divise en deux proportions égales. En d'autres termes, le point où se situe le nombril est régi par 0,618 tandis que le point où se situe le sexe est régi par le nombre 0,5.

Cette observation, si elle peut paraître sans importance, est en fait lourde de signification. Car si chaque individu est un tout en soi, il est en revanche déterminé par son sexe. Et c'est cette détermination sexuelle masculine ou féminine qui est à l'origine de la dualité de l'homme. Cela dit, il existe une conception selon laquelle, en des temps très reculés, l'être était bisexué, indiquant de manière irréfutable qu'il est passé de l'unité – lorsqu'il était bisexué – à la dualité avec la détermination des sexes. Ce mot vient d'ailleurs du latin *sectus*, qui veut dire « coupé ».

Dans un ouvrage intitulé *Le Couple*, Suzanne Lilar pose le problème en ces termes : « Le sexe n'est qu'une des formes de la dualisation universelle. L'androgyne est à la fois le symbole de l'indistinction primordiale et divine et de toute expérience tendant pour l'homme à la réintégrer [...] Au commencement était un être qui possédait les deux sexes. Il se divisa ou se laissa diviser en deux moitiés, l'une mâle, l'autre femelle. Mais avec la séparation, la coupure, dirait Platon, apparaît le désir de se réunir et de reconstituer l'indistinction. »

On comprend que la dualisation sexuelle est un état en soi insatisfaisant du fait que la bisexualité existe originellement en l'homme. L'acte sexuel vise donc avant tout au retour à l'unité primordiale par la fusion des deux sexes avant de servir la reproduction. Cette bisexualité fondamentale est reconnue par les psychanalystes (Freud et Jung notamment), ainsi que par les biologistes. Suzanne Lilar rapporte brièvement cette réalité : « On admet généralement que l'embryon (selon la loi de Haeckel) passe par les mêmes étapes de développement que l'espèce. Or, l'embryon connaît d'abord un état d'indifférenciation sexuelle avec un organe unique qui rappelle l'*ovotestis*. Suivant qu'il se sexualise dans le sens mâle ou femelle, cet organe développe sa partie centrale, dite médullaire, ou sa zone périphérique, dite corticale. La direction donnée à cette différenciation se fait sous le contrôle des hormones, substances chimiques sécrétées par les glandes génitales (ou gonades). À la bisexualité des gonades succède celle des conduits. Tout embryon, quel que soit son sexe génétique, possède d'abord une paire de canaux de Wolff, futurs conduits génitaux mâles et une paire de canaux de Müller, futurs conduits génitaux femelles. Au cours de sa croissance, il développera les uns et non les autres, et à une phase plus tardive, les complétera par des annexes qui achèveront la différenciation de l'appareil génital externe, non sans laisser subsister une réduction et comme une forme dégénérée des organes du sexe sacrifié [...]. On peut donc affirmer que tout être humain porte des traces de bisexualité anatomique, résidu d'une bisexualité embryonnaire[1]. »

Ces explications sont dès lors propres à montrer que la dualisation n'est pas un processus harmonieux dans la mesure où elle est basée sur un manque, d'où l'importance de la sexualité qui vise à combler ce manque pour retrouver l'unité, facteur au contraire de plénitude. *A contrario*, la division d'un segment par la pro-

---

1. Suzanne Lilar, *Le Couple*, Grasset, 1963.

portion dorée est d'essence harmonieuse car elle sous-tend l'idée de reproduction pour atteindre l'unité de la même façon que l'ombilic rappelle le processus de la perpétuation. C'est en élevant φ au carré et en additionnant ces deux résultats qu'on parvient à créer cette nouvelle unité.

Avec la sexualité, l'homme retrouve d'une manière éphémère la plénitude de l'unité, tandis qu'avec la reproduction il devient le dispensateur d'une nouvelle unité. On peut ainsi faire un parallèle entre le nombre d'or et la perpétuation de l'espèce, et par conséquent attribuer à cette proportion un pouvoir de création, de vie et d'harmonie.

Mais si, au même titre que le nombre 5, la proportion dorée est agent de vie sur terre puisque nous la voyons partout à l'œuvre dans le monde animé, il faut à présent se demander si elle existe également au sein de l'univers afin de pouvoir confirmer l'intuition des Anciens selon laquelle il existe une relation d'identité entre microcosme et macrocosme.

Dans *L'Étoile flamboyante*, Jacques Trescases se pose d'ailleurs la question en ces termes : « Est-ce parce que l'homme, dans la mesure où il s'est lui-même harmonisé, n'est que le point ultime d'application d'un plan initial, dont la réalisation s'étend à l'échelle de l'univers ? Où est-ce plus simplement que, tel Narcisse, il n'est finalement touché que par ce qui lui ressemble et projette dans l'univers la juste proportion qui est sa propre dimension ? »

Il est vrai que, pour l'instant, aucune preuve de l'universalité de la section d'or n'a été apportée et c'est pourquoi il convient à présent de rechercher cette proportion ailleurs que dans l'homme et dans ses réalisations.

Deuxième partie

LE NOMBRE D'OR COMME MESURE ÉTALON DU SYSTÈME SOLAIRE

5

PHI ET LE SYSTÈME SOLAIRE

La tâche que je vais m'assigner à présent consistera à démontrer, si possible par des preuves concrètes et tangibles, que le cosmos, lui aussi, se trouve régi par ce nombre. Le célèbre principe d'Hermès Trismégiste, « Ce qui est en bas est comme ce qui est en haut », se trouvera dès lors confirmé, ainsi que le système sur lequel repose l'astrologie, puisqu'il est une science qui étudie le tempérament et les actions des hommes en concordance avec les rythmes planétaires.

Pour poursuivre mes recherches, je vais m'appuyer sur une étude réalisée par un chercheur canadien, Theodor Landscheidt[1], qui a montré les relations existant entre le nombre d'or et le cycle undécennal des taches solaires, lequel influe sur les changements climatiques en fonction de l'oscillation de son activité. Les résultats de ses travaux, consignés sous forme de graphiques, indiquent que l'on peut prévoir, en fonction

1. « Section d'or : un pilier de la structure cosmique », in *L'Astrologue* n°s 117 et 118, Éditions Traditionnelles.

des minima des taches solaires, les prochaines périodes d'un «petit âge glaciaire» vers l'an 2026. Ces graphiques révèlent par ailleurs, quand ils sont établis à une échelle plus fine, un rythme cyclique figurant des sortes de mains à cinq doigts. Or, jusqu'à présent, l'on avait constaté la symétrie d'ordre 5 seulement dans le monde du vivant. Doit-on en tirer la conclusion que le système solaire pourrait être composé de matière vivante? Ces observations sont encore insuffisantes pour pouvoir affirmer une telle idée, mais l'on peut en inférer que la dynamique du mouvement du Soleil autour du centre de masse relie ce mouvement à la section d'or. Pour plus de détails concernant cette étude, je renvoie le lecteur aux deux articles cités plus haut. Il pourra ainsi se faire une idée plus précise de la concordance existant entre le cycle des taches solaires, le nombre 5 et son dérivé φ.

La spirale logarithmique ou spirale d'or

Comme les pentagones et décagones convexes et étoilés, cette figure est une autre proche parente du nombre 5 et de la section d'or. J'aurais pu de ce fait l'aborder lorsque j'ai étudié les polygones d'or, mais comme elle possède un rapport de corrélation avec le cosmos, son étude me semble plus appropriée dans cette partie.

Examinons tout d'abord la figure qui permet de tracer une spirale logarithmique. Construisons un rectangle ABCD tel que sa largeur et sa longueur soient régies par le nombre d'or. Partageons ensuite ses longueurs en moyenne et extrême raison de telle sorte que ABEF sera

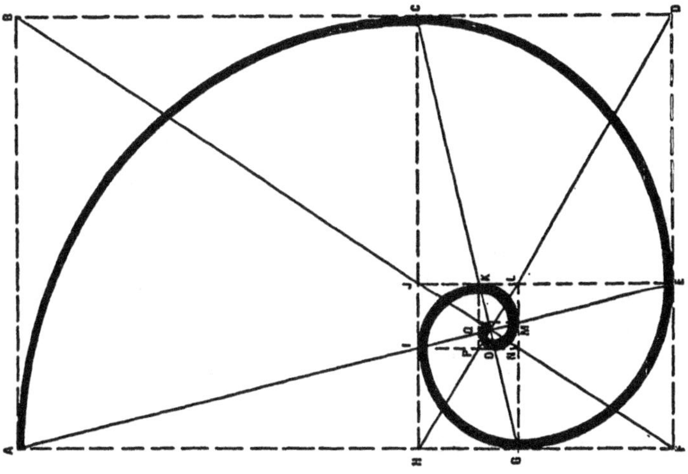

Figure 10. Spirale logarithmique dans un rectangle d'or.

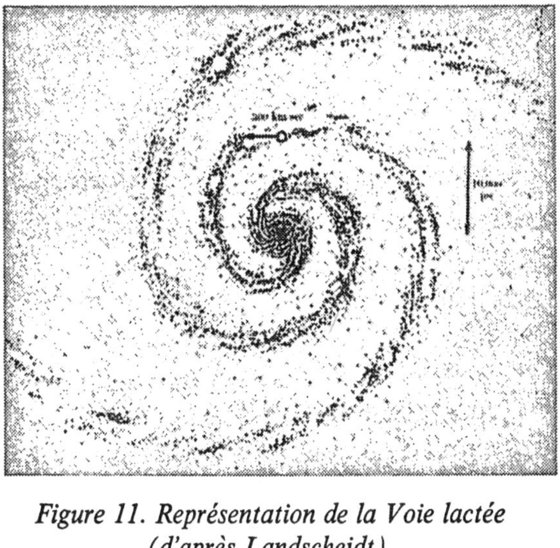

Figure 11. Représentation de la Voie lactée (d'après Landscheidt).

un carré. Puis partageons de la même manière le rectangle ECDF et ainsi de suite. Nous constatons qu'une série de rectangles s'emboîtent les uns dans les autres jusqu'à l'infini comme il en était pour le pentagramme et le décagramme. On s'aperçoit alors qu'il est possible de tracer une spirale d'or, appelée aussi fractale fondamentale, que l'on retrouve également dans le cosmos avec les bras en spirale des galaxies. La figure 11 est une image de notre Voie lactée et présente les mêmes caractéristiques géométriques que la spirale logarithmique. Nous voici donc devant les premiers indices indiquant que certains éléments du cosmos comme du monde terrestre vivant s'accordent sur le nombre d'or.

Mais, poussons plus loin nos recherches et voyons si nous ne trouvons pas d'autres similitudes de ce genre encore plus parlantes, notamment dans les distances et les révolutions des planètes autour du Soleil.

Distance des planètes inférieures : Mercure, Vénus et la Terre

Si l'on s'en réfère à l'unité de distance moyenne Terre-Soleil qui est de 149,6 millions de kilomètres, on constate que Mercure et Vénus sont à des distances régies par la loi du nombre d'or.

T <- <- - - - - - - - -> S

91,7 M 57,9

Sur ce segment de droite T-S qui figure la distance Terre-Soleil (149,6 millions de kilomètres), Mercure est le point M se trouvant à 91,7 millions de kilomètres de la Terre et 57,9 millions de kilomètres du Soleil ; il divise par conséquent le segment Terre-Soleil en moyenne et extrême raison :

$d\,(T-S) \times -\sqrt{\varphi} = 149{,}6 \times 0{,}618 = 92{,}45$: le résultat est pratiquement identique à $d\,(M-T)$;

$d\,(T-S) \times -\sqrt{\varphi}^2 = 149{,}6 \times 0{,}382 = 57{,}13$: le résultat est pratiquement identique à $d\,(M-S)$.

Les distances Mercure-Terre et Mercure-Soleil s'accordent donc bien sur la section dorée.

Vénus se trouve également, par la position qu'elle occupe au sein du système solaire, sous le contrôle du nombre d'or.

```
                          91,7          M       57,9
T<-----------<------------<-------> S

          41,4       V                    108,2
```

Sur ce segment de droite T-S, qui figure la distance Terre-Soleil, sont placés les points V et M correspondant aux positions de Vénus et de Mercure avec leurs distances.

Le calcul ci-dessous montre que la distance Vénus-Terre est pratiquement égale à la distance Vénus-Soleil multipliée par la racine de φ :

$d\,(V\text{-}T) = 41{,}4 \times 1{,}618 = 108{,}38$: le résultat est pratiquement identique à $d\,(V\text{-}S)$.

Inversement, si l'on multiplie la distance Soleil-Vénus (108,2) par la racine négative de φ^2, on obtient environ la distance Vénus-Terre :

$d\,(V\text{-}S)\ 108{,}2 \times 0{,}382 = 41{,}33$: résultat pratiquement identique à $d\,(V\text{-}T)$.

Ces calculs indiquent que les planètes inférieures du système solaire sont régies par cette fameuse loi de la section dorée. Cette démonstration est capitale puisqu'elle permet de vérifier par de simples calculs mathématiques l'intuition que l'homme avait des relations d'identité qui existe entre le cosmos, la nature et lui. Et l'on peut donc répondre dès maintenant à la question posée par Jacques Trescases dans *L'Étoile flamboyante* : l'homme n'a pas été touché par l'équilibre de cette proportion uniquement parce qu'elle lui ressemblait, mais parce qu'elle gouverne également les distances qui séparent la Terre et les planètes inférieures du Soleil.

Il est maintenant facile de comprendre pourquoi l'être humain, depuis les temps les plus reculés, s'est tant projeté dans le ciel. C'est qu'il y retrouvait sans doute inconsciemment une image de lui-même et qu'il sentait que, en déchiffrant les mécanismes célestes, il pouvait atteindre à une meilleure compréhension de lui-même et du monde.

En revanche, si l'on applique cette loi aux planètes supérieures, on s'aperçoit qu'elle ne fonctionne plus. Cette constatation m'incite à différencier la fonction de chaque groupe planétaire dans ses rapports avec le monde terrestre. On pourrait très bien considérer la partie inférieure du système (Soleil, Mercure, Vénus) comme étant en analogie avec les fonctions vitales et primordiales de l'homme. Le symbolisme astrologique a depuis longtemps dégagé ces correspondances qui veulent que les luminaires symbolisent le couple, l'union du masculin et du féminin, Vénus l'éros, l'attraction entre les sexes, et Mercure le résultat de l'accouplement, c'est-à-dire l'enfant. Ces astres situés entre le Soleil, émetteur de vie, et la Terre, récepteur de vie, pourraient alors être en relation avec le processus de la perpétuation de l'espèce étant donné leur place et leur distance au sein du système.

Je me suis également demandé si l'on ne pouvait pas appliquer cette loi aux révolutions (RV) des astres, dans la mesure où l'on sait, depuis Kepler, que « le carré du temps de révolution d'une planète autour du Soleil est proportionnel au cube de sa distance au Soleil ». On est donc en face d'une croissance dynamique qui semble calquée sur le nombre d'or, surtout lorsque l'on sait que la vitesse d'un astre est déterminée en fonction de sa distance au soleil. On retrouve là une similitude entre la gamme élaborée à partir de la fréquence 3/2 et le rapport mathématique existant entre révolution et distance planétaire qui est également de 3/2. Un premier constat s'avère d'ailleurs fort intéressant, puisqu'il nous montre que la durée de révolution de Vénus calculée en année (0,615) correspond à la majeure du nombre d'or (0,618) et que, pour calculer la durée de révolution de Mercure (0,241), il suffit d'élever la majeure du nombre d'or à la puissance 3. Cette règle est valable pour les révolutions des autres astres, tout du moins jusqu'à Saturne groupe des astres visibles : en divisant la durée de révolution de Saturne par la mineure du nombre d'or (0,382), on obtient pratiquement la durée de révolution de Jupiter. Pour procéder à ces opérations, il me faut tenir compte du groupe des astéroïdes qui évoluent entre Jupiter et Mars en prenant par exemple la durée de révolution de Cérès comme référence. Voici le tableau que l'on obtient en partant de Saturne :

Les révolutions (RV) des astres sont données en années.

RV Saturne	= 29,458 × 0,382	= 11,25	RV approximative de Jupiter
RV Jupiter	= 11,25 × 0,382	= 4,29	RV approximative de Cérès
RV Cérès	= 4,29 × 0,382	= 1,64	RV approximative de Mars
RV Mars	= 1,64 × 0,618	= 1,01	RV approximative de la Terre
RV Terre	= 1,01 × 0,618	= 0,624	RV approximative de Vénus
RV Vénus	= 0,624 × 0,382	= 0,239	RV approximative de Mercure

Ce tableau n'est pas très différent des chiffres habituellement donnés dans les manuels d'astronomie. Seul le résultat concernant Mars présente un écart notoire. On peut supposer que, s'il n'est pas tout à fait exact, c'est qu'il existe une multitude d'astéroïdes dont les révolutions peuvent être différentes, Cérès n'étant peut être pas le point d'équilibre entre tous ces petits corps célestes.

Cette loi se vérifie également pour Chiron et Uranus, dont les révolutions s'accordent aux proportions du nombre d'or :

RV Uranus = 84,014 × 0,618 = 51,920 RV approximative de Chiron.

Au-delà, cette harmonie ne semble plus fonctionner. Y aurait-il d'autres astéroïdes à découvrir entre Uranus, Neptune et Pluton ? Passerait-on tout simplement dans une autre dimension de l'univers pour laquelle la loi du nombre d'or serait désormais sans action ?

Nous venons de voir que les distances des planètes inférieures au Soleil présentent une symétrie en rapport avec le nombre d'or. Utilisant le même calcul en ce qui concerne les planètes supérieures, nous avons été amenés à constater qu'une telle symétrie ne fonctionnait plus et, par conséquent, que le reste du système solaire devait être régi par d'autres critères de proportion. Néanmoins, ayant remarqué que les révolutions des astres supérieurs connaissent un rythme découlant du nombre d'or, on ne voit dès lors pas pourquoi il n'en serait pas de même en ce qui concerne les orbites planétaires. Il importe alors de considérer le problème sous un angle différent et de se demander si cette symétrie, qui n'apparaît pas systématiquement à l'échelle des parties, ne se retrouve pas néanmoins à l'examen de la structure générale. Car si le rapport numérique qui existe entre les distances de planète à planète ne permet pas d'être relié à la loi du nombre d'or, en revanche l'ensemble du système solaire dans ses relations concernant les distances planétaires se trouve organisé d'après ce nombre, qui devient alors le principal étalon de mesure. Cette hypothèse, si elle se trouvait confirmée, accréditerait plus amplement la thèse qui court tout au long de cet exposé selon laquelle notre système solaire, aussi bien dans ses rythmes que dans ses distances planétaires, est régi par le nombre d'or.

Suivant en cela certains modèles scientifiques qui préconisent, lorsque les recherches entreprises n'aboutissent pas, de les poursuivre en utilisant soit une échelle plus fine, soit au contraire une échelle plus grossière afin de voir si le processus employé peut aboutir, j'ai donc tenté de savoir si une symétrie de l'ordre de φ pouvait être décelée en déterminant un quotient moyen valable pour l'ensemble des orbites planétaires.

En astronomie, les distances planétaires sont toujours données en terme de moyenne alors qu'en fait on sait que les astres décrivent une ellipse plus ou moins allongée dans leur ronde autour du Soleil selon leur degré d'excentricité. Ce phénomène a conduit les astronomes à attribuer à chaque astre un lieu de périhélie (distance la plus proche du Soleil) et un lieu d'aphélie (distance la plus éloignée du Soleil). Pour Pluton, qui est l'astre dont l'excentricité est la plus grande (0,248), si sa distance moyenne est de 5 900 millions de kilomètres, sa périhélie est de 4 436,8 millions de kilomètres et son aphélie de 7 363,2 millions de kilomètres. L'excentricité de Neptune, en revanche, est extrêmement faible (0,010), de telle sorte que l'orbite de cet astre se calque presque sur un cercle. Quant à Vénus, dont l'excentricité est de 0,007, son orbite est quasi circulaire. Il ne faut donc plus se contenter de calculer les rapports des distances planétaires au Soleil pour voir s'ils détiennent une relation de symétrie, mais plutôt rechercher le quotient de toutes les orbites planétaires qui, une fois additionnées, nous fourniront un quotient global applicable à tout le système solaire en général et à chaque orbite planétaire en particulier. Nous pourrons alors vérifier si ce quotient possède un quelconque rapport avec le nombre d'or ou, mieux encore, correspond au nombre d'or lui-même, auquel cas l'on pourra considérer que c'est le système tout entier qui est régi par cette valeur numérique, au même titre que les êtres vivants.

Sachant que l'éloignement des planètes diffère en fonction de leur distance au Soleil d'une part, et en fonction de leur plus ou moins grande excentricité d'autre part, il est alors indispensable, pour trouver un dénominateur commun, d'utiliser comme base de calcul les quotients moyens, périhéliques et aphéliques, des différentes orbites planétaires. Ensuite on établira la moyenne des quotients ci-dessus exprimés, divisée par le nombre d'intervalles planétaires, et l'on obtiendra un résultat exprimant le quotient proportionnel qui existe entre chaque orbite planétaire, lequel, on le verra, équivaut au nombre d'or.

Donnons tout d'abord un tableau exprimant le degré d'excentricité de chaque astre et sa distance moyenne au Soleil, deux éléments à l'aide desquels on pourra calculer sa périhélie et son aphélie :

Planètes	Distance moyenne en millions de km	Excentricité	Périhélie	Aphélie
Pluton	5 900	0,248	4 436,8	7 363,2
Neptune	4 496,6	0,010	4 451,63	4 541,56
Uranus	2 869,6	0,047	2 734,73	3 004,47
Chiron	2 049,5	0,38	1 270,69	2 828,31
Saturne	1 427	0,055	1 348,52	1 505,48
Jupiter	778,3	0,048	740,95	815,65
Cérès	413,7	0,079	381,02	446,38
Mars	227,9	0,093	206,71	249,09
Terre	149,6	0,017	147,06	152,14
Vénus	108,2	0,007	107,45	108,95
Mercure	57,9	0,206	45,98	69,82

Une fois ces trois distances calculées, nous devons les utiliser pour trouver les quotients des rapports planétaires successifs : quotient de la distance moyenne, aphélique et périhélique entre Pluton et Neptune, entre Neptune et Uranus, entre Uranus et Chiron, *et cetera*, jusqu'à Mercure. Nous établirons alors la moyenne de ces trois quotients interplanétaires et procéderons de même pour chaque relation. Les dix moyennes ainsi trouvées, il ne reste plus qu'à diviser cette somme par 10 pour obtenir le quotient proportionnel régissant chaque orbite planétaire qui se trouve être précisément la valeur numérique correspondant au nombre d'or (voir tableau ci-après).

Planètes	**Quotients des distances moyennes entre deux astres**	**Quotients des distances périhéliques entre deux astres**	**Quotients des distances aphéliques entre deux astres**	**Moyennes des trois quotients**
$\frac{\text{Pluton}}{\text{Neptune}}$	$\frac{5900}{1{,}3121} = 4496{,}6$	$\frac{4436{,}8}{4451{,}6} = 0{,}9966$	$\frac{7363{,}2}{4541{,}5} = 1{,}6213$	1,31
$\frac{\text{Neptune}}{\text{Uranus}}$	$\frac{4496{,}6}{2869{,}6} = 1{,}5669$	$\frac{4451{,}6}{2734{,}73} = 1{,}6278$	$\frac{4541{,}56}{3004{,}47} = 1{,}5116$	1,5687
$\frac{\text{Uranus}}{\text{Chiron}}$	$\frac{2869{,}6}{2049{,}5} = 1{,}4001$	$\frac{2734{,}73}{1270{,}69} = 2{,}1521$	$\frac{0004{,}47}{2828{,}31} = 1{,}0622$	1,5381
$\frac{\text{Chiron}}{\text{Saturne}}$	$\frac{2049{,}5}{1427} = 1{,}4362$	$\frac{1271{,}4}{1348{,}52} = 0{,}9428$	$\frac{2828{,}31}{1505{,}48} = 1{,}878$	1,4192
$\frac{\text{Saturne}}{\text{Jupiter}}$	$\frac{1427}{778{,}3} = 1{,}8334$	$\frac{1{,}348{,}52}{2740{,}95} = 1{,}8199$	$\frac{1505{,}48}{8159{,}65} = 1{,}8457$	1,8848
$\frac{\text{Jupiter}}{\text{Cérès}}$	$\frac{778{,}3}{413{,}7} = 1{,}8813$	$\frac{740{,}95}{381{,}02} = 1{,}9446$	$\frac{815{,}65}{446{,}38} = 1{,}8272$	1,8843
$\frac{\text{Cérès}}{\text{Mars}}$	$\frac{413{,}7}{227{,}9} = 1{,}8152$	$\frac{381{,}02}{206{,}71} = 1{,}8432$	$\frac{446{,}38}{249{,}06} = 1{,}7922$	1,8168
$\frac{\text{Mars}}{\text{Terre}}$	$\frac{227{,}9}{149{,}6} = 1{,}5233$	$\frac{206{,}71}{147{,}06} = 1{,}4056$	$\frac{249{,}06}{152{,}14} = 1{,}6372$	1,5220
$\frac{\text{Terre}}{\text{Vénus}}$	$\frac{149{,}6}{108{,}2} = 1{,}3826$	$\frac{147{,}06}{107{,}45} = 1{,}3686$	$\frac{152{,}14}{108{,}95} = 1{,}3964$	1,3825
$\frac{\text{Vénus}}{\text{Mercure}}$	$\frac{108{,}2}{57{,}9} = 1{,}8687$	$\frac{107{,}45}{45{,}98} = 2{,}3368$	$\frac{108{,}95}{69{,}82} = 1{,}5604$	1,9219

En additionnant ces dix moyennes, résultat de chaque quotient interplanétaire, on obtient la somme de 16,196. En divisant cette somme par 10 on obtient le quotient moyenne pour chaque orbite planétaire :

$$\frac{16,196}{10} = 1,619...$$

On peut donc affirmer que c'est le système planétaire tout entier qui repose sur le principe de la section dorée. Cette confirmation nous met une fois de plus devant le fait qu'il existe une correspondance indéniable entre le monde terrestre et le monde céleste, mais aussi entre l'homme et le système planétaire, puisque tous deux sont régis par cette proportion. Mais cette similitude proportionnelle ne serait rien si auparavant n'avait été démontré que le nombre d'or possède tout simplement des propriétés favorisant l'émergence de la vie et détient ce pouvoir d'harmonie que n'ont pas les autres nombres de sa catégorie.

Revenons à Mercure et à Vénus, planètes qui présentent toutes deux des cycles bien particuliers susceptibles de confirmer que leur fonctionnement est entièrement basé sur le nombre d'or. Si l'on consulte des éphémérides, et que l'on regarde le degré où s'effectue, environ tous les deux ans, la conjonction supérieure de Vénus, on s'aperçoit qu'en reliant ces degrés sur le cercle zodiacal on obtient un magnifique pentagone étoilé (fig. 12).

Les autres positions de Vénus, les conjonctions inférieures, mais aussi les élongations occidentales comme orientales reliées sur le cercle montrent le même pentagramme.

Procédant de la même façon pour Mercure, j'ai pu constater que son rythme se conforme à la valeur φ si l'on tient compte de la grande excentricité de son orbite. Sa conjonction supérieure, qui se reproduit environ tous les quatre mois, est de 113° en moyenne, proche

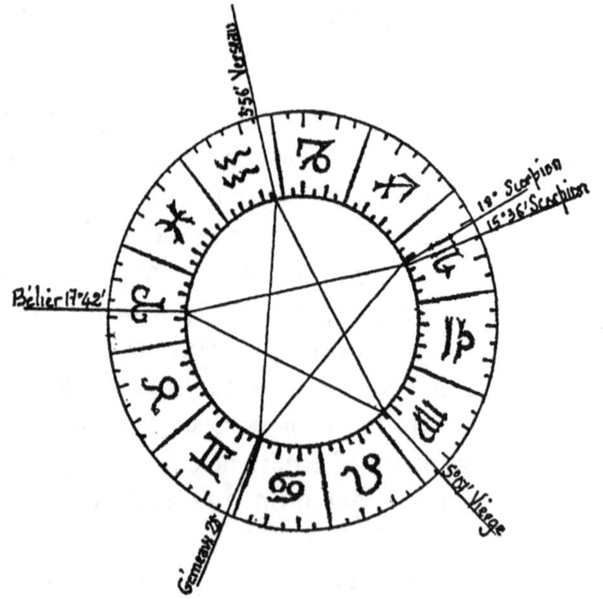

Figure 12. Le cycle de Vénus engendre la figure du pentagramme.

en fait des 108°, l'angle permettant de construire la figure du décagramme (fig. 13).

Ainsi, sous quelque aspect qu'on les examine, que ce soit leur distance au Soleil, leur révolution autour de celui-ci ou le rythme de leur marche, ces deux astres montrent qu'ils sont reliés au système solaire par le biais de la section dorée. Sur Terre, où la vie a pu se développer, on retrouve chez l'homme aussi bien que chez l'animal et les végétaux les mêmes proportions relevant du nombre φ; l'être humain, depuis qu'il a été capable de fabriquer des outils, s'est plu à reproduire cette harmonie en architecture comme en peinture ou en sculpture. Et si ce nombre fut, à presque toutes les époques, et en dépit des différences de conceptions, considéré comme magique et sacré, c'est parce que

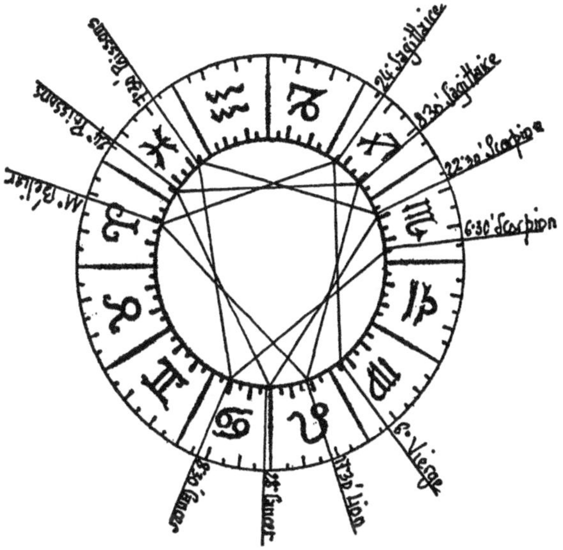

Figure 13. Le cycle de Mercure engendre la figure du décagramme.

l'homme savait au plus profond de son inconscient qu'il était à l'origine de la vie sans jamais pouvoir l'attester.

Un dernier phénomène cosmique va illustrer la présence et le rôle qui ont été attribués au nombre d'or et à son proche parent le nombre 5.

6

L'UNIVERS EST-IL RÉGI PAR LE NOMBRE D'OR?

Phi et les éclipses

Les éclipses sont provoquées par l'interposition de la Lune entre le Soleil et la Terre qui se produit uniquement lors d'une nouvelle Lune et au moment où cette dernière se situe à proximité de l'écliptique, par conséquent au voisinage de la ligne des nœuds de son orbite. Pendant une éclipse totale, on peut observer la couronne solaire, qui est le phénomène le plus remarquable. Autour du disque noir de la Lune, on peut apercevoir une auréole de feu solaire dont les dimensions et les formes sont différentes à chaque éclipse. Pendant l'éclipse de 1936, les longs rayons un peu flous de la couronne solaire s'allongeaient à une distance égale à trois diamètres solaires; la couronne avait la forme d'une étoile à cinq branches dont le centre était occupé par le disque sombre de la Lune.

Le déroulement de cette éclipse est étonnant, surtout lorsque l'on voit apparaître en phase terminale la figure presque parfaite d'une étoile flamboyante indiquant manifestement la correspondance entre microcosme et macrocosme via la Lune, satellite de la Terre. L'on comprend maintenant pourquoi l'homme, bien avant les premières ébauches de la science, avait connaissance de certains secrets de la nature, connaissance qui ne pouvaient être démontrée scientifiquement et qui, pour cette raison, fut réfutée au fur et à mesure des progrès. Il n'empêche que, en dehors des astrophysiciens, plus personne n'observe le ciel, tout du moins avec un regard autre que celui de l'observation purement cognitive et scientifique. Les Anciens, eux, savaient lire les signes que le ciel leur envoyait car leur esprit n'était pas encore perverti par le diktat de la rationalité et de la logique formelle.

Mais comment interpréter ce phénomène céleste? J'ignore ce qu'en pensent les astrophysiciens car ce type d'éclipse est assez rare. Toutefois, un élément significatif m'a frappé puisque le jour où ce phénomène eut lieu (le 19 juin 1936 à 5 h 20), j'ai constaté que Vénus rentrait également en conjonction avec les luminaires. Ce phénomène n'est pas sans intérêt puisque, tout au long de ces pages, j'ai montré la relation étroite qui existe entre les planètes inférieures et le nombre d'or dans leurs distances et leurs révolutions, notamment Vénus dont les conjonctions inférieures et supérieures reproduisent la figure du pentagone étoilé. En étant présente ce jour-là dans l'alignement, la planète marquait ainsi de son empreinte les conditions de l'éclipse.

On peut dès lors estimer que les premiers hommes avaient une vision juste de l'univers rien qu'en contemplant le ciel et en observant attentivement les signes que ce dernier lui envoyait. Traduire ces signes était pour eux, si je puis dire, un jeu d'enfant – leur âme vibrait encore au rythme de la nature et du cosmos –, puisqu'ils n'étaient que le reflet de leur vécu personnel.

Phi et les théories astrophysiciennes

Certaines théories sur la formation de l'univers semblent rejoindre la signification symbolique et métaphysique que Pythagore et, à sa suite, Platon proposèrent sur le nombre d'or et ses proches parents.

Réexaminons les figures géométriques qui ont servi à démontrer le sens du nombre d'or, plus particulièrement le décagramme (voir fig. 12 et 13). En ce qui les concerne, j'ai indiqué qu'à l'intérieur de ce tracé, on pouvait inscrire la même figure qui s'emboîtait dans la première, de telle sorte qu'il est possible de recommencer l'opération indéfiniment à l'intérieur comme à l'extérieur du cercle. Cette image correspond exactement à l'idée que l'on se fait de l'univers: infini, sans cesse en évolution, et cependant toujours semblable à lui-même. Elle correspond également à l'image de la théorie du Big-Bang développée par les astrophysiciens du XXe siècle, d'après des observations de Hubble, selon lesquelles les galaxies s'éloignent les unes des autres, entraînant l'expansion de l'univers.

Si l'on observe bien la figure 14, construite à partir d'une série de décagrammes s'emboîtant les uns dans les autres, on constate que c'est la seule figure géométrique qui utilise toute la surface du cercle à partir d'un point central de structuration d'où l'on peut faire partir dix rayons porteurs de tout le processus.

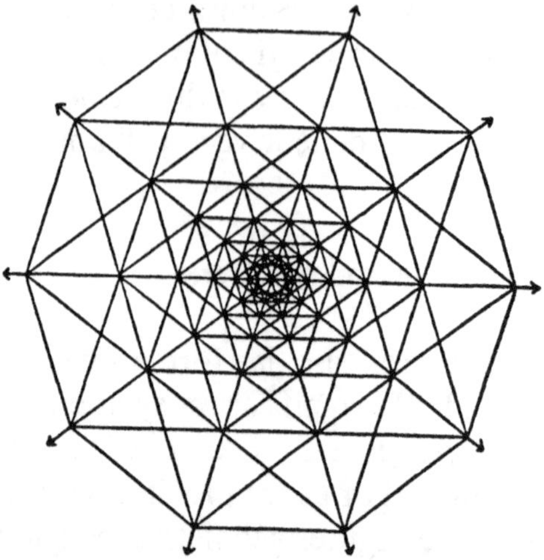

Figure 14. Succession de décagrammes allant de l'infiniment petit à l'infiniment grand (d'après Ernst Bindel, Les Nombres*).*

Figure 15. Lien analogique existant entre la croissance des orbites planétaires et l'expression de l'univers.

Pythagore avait, en son temps, attribué à la décade la représentation de l'univers. Étant la somme des quatre premiers nombres (1 + 2 + 3 + 4 = 10), elle est à la fois symbole de totalité avec le nombre 10 et d'unité avec le nombre 1. Dans son ouvrage sur les nombres, Ernst Bindel nous dévoile, par la contemplation de cette figure, la signification occulte du nombre 10: « Si nous reconnaissons maintenant ici que ce point créateur – qui en tant que tel est l'image de l'unité créatrice dont tout provient – possède aussi le rapport le plus intime au nombre 10, en pouvant lui-même être représenté sous une forme décagonale, à ce moment apparaît la parenté mystérieuse du nombre 10 avec le nombre 1, avec l'Unité, parenté que les Anciens ont toujours affirmé et ressentie[1]. »

Si l'on revient à cette figure, on s'aperçoit qu'elle représente exactement l'idée exposée dans la théorie du Big-bang. En effet, le point central de la figure représente le noyau de la masse de l'univers peu avant l'explosion. Puis, après celle-ci, dans un jaillissement circulaire de matière, se formèrent progressivement les galaxies qui, depuis, s'éloignent les unes des autres en étendant les limites de l'univers à l'infini. Cette expansion se retrouve également dans la figure 15 puisqu'elle peut très bien se prolonger indéfiniment si l'on trace autour d'elle des cercles de plus en plus grands. Mais elle évoque également l'idée de notre système solaire avec au centre le Soleil, diffuseur de lumière figurée par les rayons, et ses successives orbites planétaires illustrées par les cercles séparant chaque décagramme

1. Ernst Bindel, *Les Nombres et leurs fondements spirituels*, *op. cit.*

qui vont s'agrandissant dans une progression géométrique croissante, suivant les loi de la section dorée.

Munis de ces nouvelles correspondances, qui permettent sans conteste de relier l'homme à l'univers par le biais du nombre d'or, nous pouvons dorénavant accorder un certain crédit scientifique à l'astrologie puisqu'elle est un code de correspondances entre le macrocosme et le microcosme, entre l'univers et l'homme.

7

EXISTE-T-IL UNE INCIDENCE DES ANGLES D'OR SUR LA VIE TERRESTRE ?

La croissance optimale des plantes s'exerce, on l'a vu, lorsque les feuilles sont exposées de telle sorte qu'elles ne se recouvrent jamais, et c'est l'angle de 137° 30' 28" qui peut le mieux assurer ces conditions. On remarque, de la même façon, que les marées n'ont pas la même intensité selon la force d'attraction que les luminaires exercent sur l'eau. Les hautes marées s'effectuent lorsque le Soleil et la Lune sont en position de conjonction et qu'ils conjuguent leur attraction. Les basses marées ont lieu au contraire lorsque ces mêmes corps célestes sont en position de quadrature (90°). Dans ce cas, leurs forces se contrarient de telle sorte que l'attraction qu'ils exercent sur les océans est beaucoup moins importante. Ces deux exemples pris dans le domaine de la nature montrent ainsi clairement l'influence des relations angulaires entre les astres sur l'environnement et les conséquences diverses – c'est le cas pour les marées – qui en résultent selon l'angle considéré. Cela veut dire en d'autres termes que tout angle, comme tout nombre auquel on peut d'ailleurs le rapporter, détient une zone d'influence bien spécifique. L'angle de 137° 30' 28", issu de φ, est, par exemple, l'angle idéal pour une croissance optimale de la végétation, ainsi que l'ont déduit certains chercheurs. De même, l'angle de 90°, issu du nombre 4 (360° : 4 = 90°) met en présence des forces qui vont se contrarier et donneront de faibles marées, dites aussi de « morte-eau » ou de « mortes-eaux ».

En ce qui concerne l'angle d'or (137° 30' 28"), Landscheidt s'est aperçu qu'on pouvait, selon un processus itératif, déterminer d'autres aspects procédant de φ. De la même façon qu'à l'intérieur d'un pentagramme on peut dessiner un autre pentagramme plus petit, ou qu'à l'intérieur d'un rectangle d'or on peut tracer un autre rectangle d'or également plus petit, on peut diviser l'angle de 137° 30' 28" par φ à la puissance 1, 2 ou 3. Si l'on tient compte également des quatre phases principales par lesquelles les astres passent au cours de la journée, on peut calculer ces angles selon que l'on part du lever qui correspond sur le cercle au 0° ou 360°, du coucher qui correspond à 180°, du midi (90°) ou du minuit (270°). On obtient la série d'angles d'or suivante :

21° 15'	111° 15'
42° 30'	132° 30'
47° 30'	137° 30'
68° 45'	158° 45'
85°	175°

Puis, par extrapolation, celle-ci :

34° 20'	124° 20'
55° 40'	145° 40'

Pour plus de détails sur ce point, je renvoie le lecteur intéressé à l'article concerné[1]. Issus de φ, ces angles prennent bien sûr un sens en rapport avec les définitions que j'ai attribuées à ce nombre : croissance, vie, harmonie, équilibre, etc. Dans cette énumération d'angles d'or, deux émergent du lot dans la mesure où, comme on va le voir, ils semblent avoir des affinités avec certains astres du système solaire. En effet, on sait que l'élongation moyenne aussi bien occidentale qu'orientale de Mercure, à savoir la distance angulaire moyenne entre cet astre et le Soleil du point de vue géocentrique, est de l'ordre de 21° 30', ce qui correspond au plus petit des angles d'or calculés précédemment. Quant à l'élongation de Vénus, elle est de l'ordre de 47° par rapport au Soleil et correspond également à un des angles d'or mentionnés ci-dessus. Or, j'ai déjà évoqué le fait que les planètes intérieures, étant donné leur position par rapport aux luminaires, pouvaient jouer un rôle dans le processus de la perpétuation de l'espèce. On se rend compte également que leur relation angulaire par rapport au Soleil, toujours d'un point de vue géocentrique, suit les lois du nombre d'or. Voici encore un nouvel argument en faveur de la théorie qui affirme l'existence d'une relation d'identité entre macrocosme et microcosme et, plus précisément, entre certaines planètes (Mercure, Vénus et le Soleil) et les activités humaines primordiales favorisant la croissance, la perpétuation, l'harmonie, l'équilibre, etc.

Ces multiples observations me conduisent sur le chemin d'une hypothèse concernant la présence de la

1. Theodor Landscheidt, « Section d'or : un pilier de la structure cosmique », *op. cit.*

vie sur Terre. En l'état actuel de nos connaissances, on ignore s'il existe d'autres formes de vie que la nôtre dans l'univers, mais ce dont on est sûr c'est que la Terre est la seule planète du système solaire qui remplit les conditions nécessaires à son émergence. Sa distance au Soleil est l'un des facteurs contribuant à ce phénomène, mais un autre élément tout aussi important pourrait servir d'explication. Il est banal de dire que l'origine des variations saisonnières est due à l'inclinaison du plan équatorial terrestre sur le plan de l'écliptique, qui est de 23° 27'. Sans cette variation, point de saisons et par conséquent point de croissance ni de décroissance. On revient donc, comme je le faisais remarquer plus haut, à l'importance de certaines relations angulaires dans le processus de la vie. L'éloignement au Soleil est un facteur, mais l'angle que la Terre forme par rapport à l'écliptique en est sûrement un autre puisqu'il permet l'établissement du rythme saisonnier. Or, l'inclinaison de 23° 27' du plan équatorial terrestre est très proche d'un des angles d'or énumérés plus haut, même s'il subsiste un écart d'environ 2°, ce qui est relativement important. Nous allons voir cependant que certains phénomènes astronomiques font varier cet écart angulaire qui oscille au cours du temps entre 21° 50' et 24° 20'.

La précession

D'après les lois de la gravitation universelle, la Lune et le Soleil exercent sur la Terre une action d'attraction. La Terre n'étant pas parfaitement sphérique, l'action de ce couple entraîne la précession de l'axe terrestre autour de la droite passant par le centre de la Terre et le pôle de l'écliptique (figure 16). Il en résulte que les pôles célestes nord et sud n'occupent pas une position fixe mais se déplacent lentement dans le ciel.

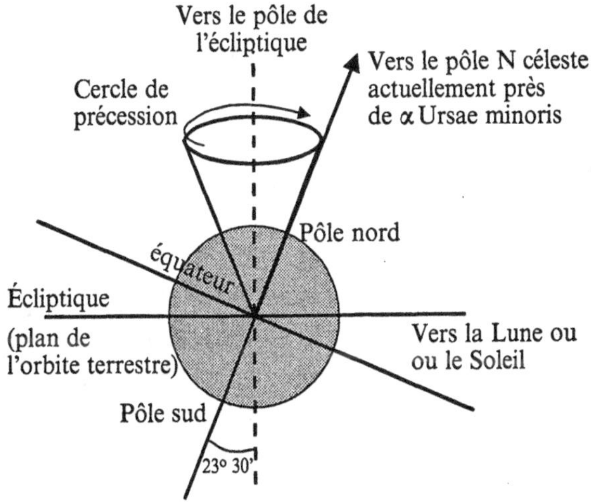

Figure 16. La précession
(d'après Joachim Hermann, Atlas de l'astronomie*).*

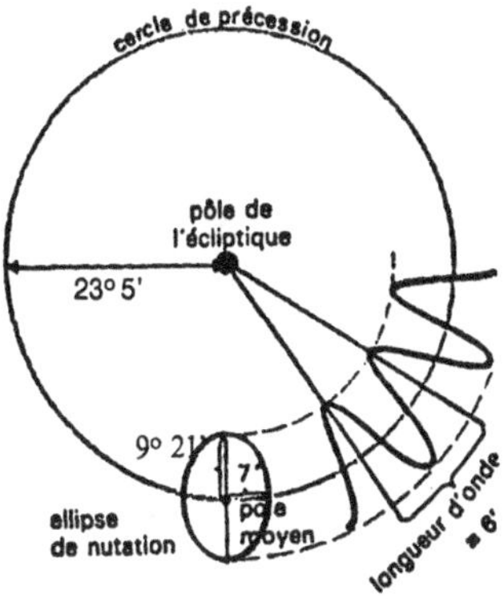

Figure 17. La nutation
(d'après Joachim Hermann, Atlas de l'astronomie*).*

La nutation

Au phénomène précédent vient s'ajouter un effet de nutation qui se traduit par un léger mouvement d'oscillation de l'axe céleste du fait de l'influence de la Lune, minimale lorsque sa distance angulaire avec l'équateur est la plus petite, maximale quand cette distance est la plus grande. À l'action de la précession et de la nutation vient s'ajouter celle des planètes qui conduit à une variation de l'obliquité de l'écliptique oscillant entre 21° 50' et 24° 20' sur une période de 40 000 ans. Il s'ensuit que l'écart angulaire minimal de l'obliquité de l'écliptique coïncide à quelques minutes d'arc près au plus petit des angles d'or. Ayant démontré par des preuves astro-biologiques l'impact des angles d'or sur le processus de la vie et de la croissance, je ne suis donc guère étonné de constater que l'axe passant par le pôle de l'écliptique forme un angle sensiblement égal au plus petit des angles d'or. Cette observation est de la plus haute importance car elle vient confirmer les hypothèses qui ont été avancées au cours de cette réflexion, à savoir que le nombre ne détient pas seulement une valeur quantitative mais également qualitative, que chaque angle (issu d'un nombre spécifique) possède ainsi certaines propriétés – les angles d'or ayant celle de favoriser la croissance et par conséquent la vie, puisqu'on les retrouve à l'œuvre aussi bien dans certains phénomènes astronomiques fondamentaux (obliquité de l'écliptique, distances, révolutions et cycles planétaires) que dans les phénomènes biologiques terrestres.

Ainsi, il apparaît, outre certains éléments astronomiques (distance au Soleil, etc.), que l'angle de l'obliquité de l'écliptique pourrait bien être l'un des facteurs prédisposant à l'apparition de la vie sur Terre. Parmi toutes les autres planètes du système solaire, celle-ci est d'ailleurs la seule dont l'inclinaison sur le plan de l'écliptique est aussi proche d'un angle d'or. Sachant que l'angle de l'obliquité de l'écliptique oscille entre 21° 50' et 24° 20' au cours des millénaires, on peut alors se demander si l'apparition de la vie sur Terre ne s'est pas produite alors que cet angle se stabilisait autour des 21°. Ces éléments demanderaient bien sûr à être cautionnés par des preuves scientifiques mais il y a là, je pense, matière à réflexion.

L'influence des astres sur l'environnement et sur les êtres vivants s'opère par le biais des écarts angulaires issus des rythmes planétaires

Telle est la conclusion à laquelle je parviens au terme de ma démonstration sur les angles d'or mais également sur les autres angles, notamment avec le phénomène des marées. On sait que les luminaires exercent une force d'attraction différente sur les océans selon leur position par rapport à la Terre. Ce ne serait donc pas à proprement parler les planètes qui auraient une influence sur notre environnement, mais certains écarts angulaires qu'elles produisent au cours de leur translation, sinon comment expliquer le mécanisme des marées ? On sait que les fortes marées, appelées syzygies, ont lieu lorsque l'attraction du Soleil se conjugue avec celle de la Lune, au moment des conjonctions et des oppositions, alors que les faibles marées, ou mortes-eaux, ont lieu lorsque les attractions se contrarient au moment où ils forment une quadrature. Il faut alors bien convenir que les écarts angulaires ont un impact sur les phénomènes terrestres et que cet impact est bien différent selon l'angle concerné. Cette même idée se retrouve également en ce qui concerne l'inclinaison de la Terre sur le plan de l'écliptique, et pas n'importe quelle inclinaison mais précisément un angle variant au cours du temps entre 21° et 24° et qui se trouve être à l'origine du rythme des saisons, marquant ainsi l'alternance de la croissance, du printemps jusqu'à l'été, et de la décroissance, de l'automne jusqu'à l'hiver.

On peut donc légitimement en inférer qu'un écart angulaire exerce une force d'attraction qui influe sur notre milieu terrestre et que, selon son degré d'angularité, il est la cause de manifestations bien différentes. Comme l'enseigne la tradition pythagoricienne, les nombres ne sont pas seulement des quantités, mais des qualités. Or, tout écart angulaire, on le sait, peut être rapporté à un nombre, et il est par conséquent porteur d'une qualité, d'une structure, d'un pouvoir qui le différencie d'un autre écart angulaire.

On sait également que chacun des nombres premiers possède sa structure propre sur le plan géométrique. Traçons un cercle qui nous servira de support : le nombre 1 permet de construire le point, symbole d'union, de fusion, de création. Le nombre 2 va nous permettre de tracer le diamètre formé par deux points opposés sur le cercle. On obtiendra alors la figure du bilatère qui divise le cercle en deux parties égales formant un angle de 180°. Le nombre 3 nous donne la figure du triangle équilatéral lorsque les trois points sont à 120° l'un de l'autre. Avec le nombre 4, on peut tracer la figure géométrique du carré en positionnant quatre points distants de 90° et en les reliant entre eux. Avec le nombre 5, on peut tracer la figure du pentagone en positionnant cinq points distants de 72° et en les reliant entre eux – il faut aussi signaler que, à l'intérieur de cette figure, on peut tracer une étoile à cinq branches en reliant entre eux un sommet sur deux. Le nombre 5 est le premier des nombres avec lequel on puisse tracer la figure d'une étoile (celle-ci étant d'ailleurs semblable au schéma de la structure humaine). On conçoit par conséquent que chaque nombre permet de faire une figure géométrique bien particulière possédant des qualités et une structure bien précises. Il doit donc bien en être de même pour les écarts angulaires dérivant directement des nombres.

Mais, s'il existe une influence d'ordre angulaire, elle se manifeste par la présence des astres, et pas n'importe quels astres puisque le phénomène des marées ne se produit que sous l'influence des luminaires, les autres planètes n'entrant pratiquement pas en jeu. Cela veut dire qu'une planète à elle seule ne peut avoir d'influence sans être combinée à une autre : on comprend bien que pour former un angle, il faut nécessairement deux droites, et pour que cet angle ait un impact physique, il faut un récepteur. La Terre est de ce fait le récepteur des écarts angulaires successivement formés par les planètes lors de leur révolution autour du Soleil. La présence d'au moins deux astres est nécessaire, on l'a vu, pour qu'une influence se fasse sentir. Dans le phénomène des marées, c'est bien l'influence concomitante du Soleil et de la Lune qui crée les syzygies. Cette observation induit nécessairement la notion de cycle planétaire qui fait passer les astres par toute une succession d'écarts angulaires différents en fonction de leur course dans le ciel.

L'astrologie traditionnelle a déjà montré l'analogie qui existe entre les planètes et les aspects, et elle rapporte que la conjonction est de la nature des luminaires. Compte tenu des précédentes remarques, il serait préférable de renverser cette loi, en faisant remarquer que ce sont plutôt les luminaires qui sont de la nature de la conjonction, et non l'inverse. En effet, c'est d'abord à partir du nombre qu'il est possible de déduire une orientation symbolique. Le nombre 1 évoque immédiatement la figure du point, laquelle symbolise le principe de toute chose, le point étant un centre et un foyer et ayant pour fonction d'unir, de créer, de rassembler. D'après ces critères, il est alors logique de relier la conjonction aux luminaires par le biais des cycles planétaires, et notamment de leur récurrence[1]. C'est ainsi que le cycle soli-lunaire se reforme tous les 27 jours dans le signe suivant en rétrocédant à chaque fois de 1° zodiacal, ce qui confère à ce couple planétaire une symbolique en accord avec le nombre 1.

C'est donc ici que la logique rejoint peut-être l'inconscient collectif qui a attribué aux luminaires un rôle d'union, de fusion, de création, etc. – à moins que la thèse que je viens d'exposer ait pu être connue par le passé mais oubliée par la suite et que l'on ait imaginé le processus de l'inconscient collectif pour justifier de connaissances dont on ignorait les origines. Cette même idée se retrouve à l'état d'hypothèse dans l'œuvre de Francis Warrain, dans son essai sur l'*Harmonices Mundi* de Kepler. Il écrit ceci : « L'influence des aspects paraît explicable par des combinaisons de lon-

1. Voir sur ce point mon précédent ouvrage, *Nouvelle Approche des aspects astrologiques*, éditions du Rocher, 1998.

gueurs d'onde venant de deux directions, leurs interférences, leurs résonances, etc. Et peut-être un jour découvrira-t-on que les qualités attribuées aux planètes par l'Antiquité correspondent à leur spectre lumineux, à leur densité, à leur période de rotation, à l'inclinaison de leur axe, etc.[1] »

Toujours est-il que ce nouveau raisonnement permet d'expliquer, de façon cohérente et concrète, l'origine du sens symbolique attribué à ces deux astres. À partir de cette symbolique première, le langage astrologique a pu se frayer un chemin en se référant au système analogique, qui est la base de sa connaissance Les luminaires symbolisent donc le père et la mère dans un thème puisque le sujet est le fruit de l'union de ses parents. Ils symbolisent également le couple que le natif va former plus tard et partant, toutes les manifestations symboliques se référant au principe du nombre 1. Toute la symbolique astrologique serait donc basée sur des fondements numérologiques, également sur des structures géométriques qui parlent d'elles-mêmes.

J'ai par ailleurs établi la nature des autres aspects en fonction de la récurrence de certains cycles planétaires. C'est ainsi que le couple Jupiter-Saturne est de la nature du trigone (120°) puisque sa récurrence cyclique est d'environ 120° ; le couple Saturne-Uranus est de la nature du quinconce (150°), puisque sa récurrence cyclique est d'environ 150° ; et l'on peut procéder de la même façon pour les autres planètes, y compris les rapides. Le couple Vénus-Mars est de la nature du biquindécile (48°) puisque sa récurrence est d'environ

1. Francis Warrain, *Essai sur l'*Harmonices Mundi *ou Musique du monde de Johannes Kepler*, Hermann et Cie, 1942.

48°. On entrevoit maintenant de façon plus claire l'origine de la symbolique des astres issue tout simplement de leurs combinaisons cycliques. Ces cycles se réduisent d'ailleurs à un nombre qui détient sa symbolique propre en fonction de sa structure géométrique précise, partant du point, principe de toute chose. Chaque cycle planétaire est donc promoteur d'un écart angulaire spécifique, et chaque écart angulaire permet de tracer une figure géométrique qui s'inscrit dans le cercle en le divisant en un plus ou moins grand nombre de côtés, certaines pouvant être étoilées, d'autres non, mais chacune se référant à un nombre dont le symbolisme évoque une manifestation bien particulière.

Le phénomène astrologique n'est donc pas une simple relation anthropomorphique dans laquelle l'homme manipule des symboles issus de l'inconscient collectif ; il n'est pas non plus lié à un quelconque rayonnement physique émanant des astres, mais aux rapports angulaires que ceux-ci font successivement dans leur ronde autour du Soleil. Et cette influence peut provenir, en dernier ressort, de la gravitation plus particulièrement agissante au moment de certaines relations angulaires bien déterminées (c'est le cas en particulier dans le phénomène des marées), ces relations angulaires s'effectuant entre des astres dont la force de gravitation est fonction de leur distance (à la Terre et dans l'espace), de leur masse et de leur vitesse.

Troisième partie

APPLICATION DES ANGLES D'OR DANS LES THÈMES DE NATIVITÉ

8

CYCLES PLANÉTAIRES ET ÉQUATION DE L'ANGLE D'OR

Compte tenu de la signification attribuée au nombre d'or et de son influence tant céleste que terrestre, notamment dans le monde du vivant, il me paraît nécessaire de vérifier si les angles définis par Landscheidt agissent sur le comportement des hommes au même titre que les autres.

La seule manière d'appréhender cette influence consiste à rechercher les angles d'or présents dans les thèmes de certains d'individus afin de se rendre compte de leur efficience. Mais, avant cela, il serait judicieux de comparer les aspects classiques, ceux qui procèdent de la division du cercle par les nombres rationnels (2, 3, 4, 5, 6, 7, 8, 9, 10, 12, 15, 16, 20), et les aspects d'or qui procèdent de la division du cercle par φ (0,618...), nombre irrationnel. Les premiers peuvent engendrer des figures géométriques que l'on peut tracer avec la règle et le compas, un des critères exigés par Kepler pour prendre en considération un écart angulaire ; à ce titre, il avait rejeté les aspects de la gamme 7 puisque l'heptagone (ainsi d'ailleurs que l'ennéagone) n'est pas inscriptible dans le cercle avec la règle et le compas. C'est ainsi qu'il expose son point de vue dans son *Harmonices Mundi* : « L'heptagone et toutes les figures à partir de là, qui ont un nombre de côtés venant des nombres Premiers, et leurs étoiles, et donc toutes les classes dérivées d'eux, manquent d'un tracé géométrique en dehors du cercle ; bien que dans le cercle la quantité des côtés soit nécessaire, pourtant celle-ci est également nécessairement ignorée. » L'heptagone n'étant pas, selon lui, une figure connaissable, elle ne peut par conséquent remplir son rôle. Et il attribue à ce résultat une cause métaphysique qui lui fait dire : « Il s'agit d'une grande chose ; elle s'est en effet dressée pour cet accomplissement pour que l'heptagone et les autres figures de ce genre ne soient pas employées par Dieu pour l'ornement du Monde, comme furent certes employées les figures connaissables expliquées dans les pages ci-dessus[1]. »

Je voudrais signaler au lecteur que le polygone à dix-sept côtés, tracé à partir du plus petit angle d'or défini par Landscheidt (21° 15'), est cependant constructible avec la règle et le compas, puisqu'il est formé de combinaisons d'un nombre premier de Fermat.

Il faut dire que, à l'époque de Kepler, on ignorait tout du principe de fractalité qui a donné lieu à des études décrivant l'univers en termes d'espace-temps de récursivité infinie. De telle sorte qu'il est désormais légitime de prendre en compte les aspects incommensurables, plus particulièrement les angles d'or qui offrent l'exemple de cette récursivité. Ce processus nous fait entrevoir la notion de l'infini, synonyme également de

---

1. Johannes Kepler, *L'Harmonie du monde*, *op. cit.*

vie puisque nous avons constaté avec l'exemple de la série de Fibonacci que le nombre d'or servait de stabilisateur à celle-ci. C'est la raison pour laquelle les angles d'or peuvent être compris dans cette perspective puisqu'ils se forment selon le principe de la récursivité, qui engendre la notion d'infini, contrairement aux autres angles qui, procédant de la division du cercle par les nombres entiers rationnels, œuvrent sur le plan du fini et de la forme et permettent de tracer une figure géométrique déterminée. Avec φ, nous entrons dans le monde de l'infini où macrocosme et microcosme se rejoignent et se fondent, aboutissant à la notion d'inséparabilité qui gouverne l'univers tout entier.

Il est d'ailleurs intéressant à ce point de vue de comparer les figures géométriques engendrées par les nombres 6 et 5. Avec le premier, on peut inscrire l'hexagone dans le cercle puis, en reliant une pointe sur deux on obtient alors un hexagramme. À l'intérieur de ce dernier apparaît un second hexagone qui peut engendrer un autre hexagramme, et ainsi de suite. On assiste donc à une série de figures qui s'emboîtent les unes dans les autres, mais là s'arrêtent les potentialités géométriques de ce nombre. Avec le second, on peut inscrire un pentagone dans le cercle et, en procédant comme pour l'hexagone, on peut obtenir un pentagramme ou étoile à cinq branches. À l'intérieur de cette étoile se dessine un nouveau pentagone qui, à son tour, peut engendrer une seconde étoile et ainsi de suite. Jusque-là, ces deux figures sont donc semblables quant à leurs possibilités géométriques, sauf que dans le pentagramme apparaît la section d'or dans le croisement des diagonales, alors que dans l'hexagramme ce même croisement fait simplement apparaître une division par 2. C'est ainsi qu'apparaît la relation qui existe entre le nombre 5 et la section d'or, et que l'on passe alors de la géométrie plane à la géométrie dans l'espace. Une fois l'étoile à cinq branches dessinée apparaît un nouveau pentagone. On trace alors deux diagonales en prolongeant les côtés du pentagone jusqu'à ce qu'elles touchent celui qui précède, puis on abaisse, à l'aide des deux angles rentrants inférieurs de l'étoile à cinq branches, les parallèles aux côtés du grand pentagone afin d'obtenir le pentagone immédiatement plus petit. Dans ce dernier, on inscrit à nouveau l'étoile à cinq branches et ainsi de suite. On obtient alors une figure à trois dimensions, partant d'un point de structuration, qui s'ouvre sur l'infini et cela, grâce à la section d'or. Cette figure représente l'image d'un monde structuré où microcosme et macrocosme sont reliés entre eux par une série de pentagones allant de l'infiniment petit à l'infiniment grand.

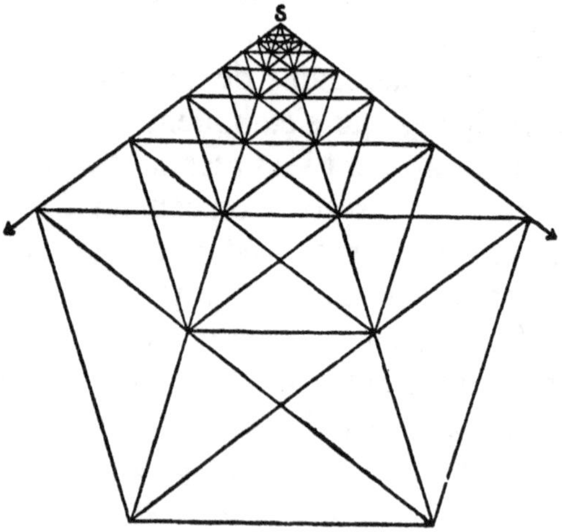

Figure 18. Le nombre d'or comme expression géométrique de l'inséparabilité et de l'infini de l'univers (d'après Ernst Bindel, Les Nombres*).*

Les cycles planétaires

Chaque écart angulaire trouve son fondement dans un cycle planétaire. C'est ce que j'ai démontré dans mon ouvrage précédent où j'ai pu mettre en évidence la correspondance angulaire qui existe entre un aspect et la récurrence d'un cycle planétaire[1]. Ce rapprochement est d'autant plus précieux qu'il permet de relier aussi bien astronomiquement que symboliquement les divers éléments zodiacaux et de leur attribuer du même coup tout un réseau de significations convergentes. Il facilite également l'analyse thématique en autorisant une meilleure et plus juste synthèse. Enfin, il permet une interprétation dynamique qui n'était guère possible auparavant. Il s'avère par conséquent indispensable de mettre les angles d'or en relation avec certains cycles planétaires si l'on souhaite les prendre en considération dans l'analyse thématique. Si l'on a pu constater que le système planétaire tout entier pouvait s'accorder sur la section d'or, il n'en demeure pas moins que ce sont essentiellement les relations entre le Soleil et les planètes intérieures, Mercure et Vénus, qui sont indubitablement gouvernées par ce nombre. Le cycle de ces deux astres a déjà été évoqué dans les figures 13 et 14, mais il n'est pas inutile de revenir dessus par comparaison cette fois avec les angles d'or retenus par Landscheidt.

---

1. Voir Pierre Delmas, *Nouvelle Approche des aspects astrologiques*, *op. cit.*

Mercure

Rythme de l'astre d'une conjonction supérieure à la suivante :

Février	2000	17° 9' des Poissons
Juin	2000	19° 56' du Cancer
Octobre	2000	16° du Scorpion
Février	2001	1° des Poissons
Juin	2001	30° des Gémeaux
Octobre	2001	30° de la Balance
Janvier	2002	15° du Verseau
Mai	2002	10° des Gémeaux
Septembre	2002	13° de la Balance
Janvier	2003	28° du Capricorne
Avril	2003	20° du Taureau

L'écart angulaire moyen entre chaque conjonction supérieure de Mercure est de 114°. Le rythme de cette planète est par conséquent très proche de l'angle d'or de 111° 15'. Les correspondances entre cet astre et la section dorée se vérifient également au niveau du rythme.

Examinons à présent les cycles qu'il forme avec le Soleil et Vénus.

Cycle Soleil-Mercure

Septembre	2002	5° de la Balance
Novembre	2002	21° du Scorpion
Janvier	2003	21° du Capricorne
Mars	2003	1° du Bélier
Mai	2003	16° du Taureau
Juillet	2003	13° du Cancer

Septembre	2003	18° de la Vierge
Octobre	2003	3° du Scorpion

L'écart angulaire moyen entre chaque conjonction Soleil-Mercure s'élève à 55° 30', aspect pris en compte par Landscheidt dans la liste qu'il a dressée.

Cycle Mercure-Vénus

Avril	2001	4° du Bélier
Octobre	2001	18° 30' de la Balance
Novembre	2001	23° de la Balance
Janvier	2002	9° du Verseau
Novembre	2002	6° du Scorpion
Mai	2003	13° du Taureau
Juin	2003	13° des Gémeaux
Septembre	2003	20° 30' de la Vierge
Juin	2004	15° des Gémeaux
Janvier	2005	5° 30' du Capricorne
Mars	2005	8° 30' du Bélier

La conjonction Mercure-Vénus se reproduit en moyenne tous les 34° 40' sur la roue du zodiaque et cet écart angulaire correspond précisément à un angle d'or cité par Landscheidt.

Passons maintenant aux cycles vénusiens, les conjonctions supérieures de l'astre tout d'abord : elles se reproduisent tous les 144° sur le zodiaque, angle qui correspond exactement au biquintile et plus largement l'angle d'or de 137° 30'. Le rythme de Vénus est tel qu'elle trace une étoile à cinq branches qui se croisent selon les proportions de la section dorée.

Cycle Soleil-Vénus

Juin	2004	18° des Gémeaux
Mars	2005	10° du Bélier
Janvier	2006	24° du Capricorne
Octobre	2006	4° du Scorpion
Août	2007	24° du Lion
Juin	2008	18° 30' des Gémeaux

Ce cycle d'une moyenne de 68° 50' concorde parfaitement avec l'un des aspects d'or cités par le savant canadien.

Les cycles des planètes inférieures avec le Soleil ont permis de trouver cinq angles d'or : 137° 30' (cycle de Vénus), 111° 15' (cycle de Mercure), 68° 30' (cycle Soleil-Vénus), 55° 40' (cycle Soleil-Mercure), 34° 20' (cycle Mercure-Vénus) que l'on peut désormais prendre en compte dans l'analyse thématique en leur attribuant une certaine orientation symbolique en fonction des astres en cause et de leur alliance.

Résumons maintenant notre propos en dressant trois tableaux distincts nous indiquant la hiérarchisation des différents angles d'or.

Ce premier tableau contient tous les angles d'or correspondant aux cycles mentionnés ci-dessus, en partant des cycles planétaires simples (cycle de Vénus et de Mercure) pour aboutir aux cycles planétaires composés (cycle Soleil-Mercure, Soleil-Vénus, Mercure-Vénus).

Classement	Cycle	Angle d'or
1	Vénus	137° 30'
2	Mercure	111° 15'
3	Soleil-Vénus	68° 45'
4	Soleil-Mercure	55° 40'
5	Mercure-Vénus	34° 20'

J'ai également signalé que les élongations moyennes de Vénus et de Mercure par rapport au Soleil correspondaient chacune à un angle d'or important :

Classement	Élongation moyenne	Angle d'or
6	Vénus : 47°	47° 30'
7	Mercure : 21° 30'	21° 15'

Les autres angles d'or se présentent comme des dérivés. Pour les trouver, il suffit d'appliquer le principe de la division en moyenne et extrême raison, autrement dit de la division par φ.

Dérivés des angles d'or majeurs en procédant à leur division par φ ou φ^2 :

Classement	Angle d'or majeur	Division par φ	Angle d'or dérivé
8	137° 30'	1,618	85°
9	111° 15'	2,618	42° 30'
Déjà classé	55° 40'	2,618	21° 15'

En dehors des cycles planétaires, il existe une autre manière de procéder pour trouver les aspects d'or. Il suffit de prendre en compte le cercle avec ses axes qui figurent le lever du Soleil (0° ou 360°), le midi ou point culminant (90°), le coucher (180°) et enfin le minuit (270°), phases principales du mouvement de rotation de la Terre marquant les rythmes biologiques des êtres vivants. Ces repères étant admis, il convient alors de les diviser par φ ou φ^2 et ainsi de suite pour chaque portion de cercle et l'on obtient la série des angles d'or parmi lesquels ceux qui ont été mentionnés ci-dessus.

Exemple : 360° / 2,618 = 137° 30' / 1,618 = 85°

Exemple : 90° / 1,618 = 55° 40' / 1,618 = 34° 20' / 1,618 = 21° 15'

L'on procède de la même manière pour les autres points du cercle. Dans son article sur la section d'or, Landscheidt a pointé cinq aspects de plus que ceux que je viens de nommer : 124° 37', 132° 49', 145° 42', 158° 50' et 174° 55'. Ceux-ci ont été trouvés en ajoutant au quart de cercle certains aspects déjà mentionnés :

90° + 34° 20' = 124° 20'
90° + 42° 30' = 132° 30'
90° + 55° 40' = 145° 40'
90° + 68° 45' = 158° 45'
90° + 85° = 175°

Avec ces cinq aspects supplémentaires, nous voici en présence de l'ensemble des angles dégagés par le chercheur canadien, les plus importants étant ceux figurant dans les trois tableaux.

Équation de l'angle d'or

Dans mon dernier ouvrage[1], j'ai inséré chaque aspect au sein d'une équation regroupant tous les éléments analogiques concourant à celle-ci : planètes, signes, maisons et aspects. Je vais donc agir semblablement pour les écarts angulaires procédant de la division du cercle par φ.

En ce qui concerne les planètes, je pense que Mercure et Vénus doivent être pris en considération, puisque j'ai montré dans la deuxième partie que ces astres se trouvent en adéquation avec le nombre et l'angle d'or aussi bien dans leur distance au Soleil que dans leur révolution, leur élongation maximale, leur vitesse orbitale moyenne (47,9 kilomètres/seconde pour Mercure et 35 kilomètres/seconde pour Vénus), mais également dans les figures géométriques (pentagramme et décagramme) qu'ils peuvent tracer en fonction de leur rythme au sein du cosmos. Le Soleil doit également être englobé dans cet ensemble du fait qu'il est le point de structure reliant ces astres à la Terre via la section dorée. Connaissant les domiciles de ces astres, il serait tentant de valoriser par conséquent les Gémeaux et la Vierge pour Mercure, le Taureau et la Balance pour Vénus, le Lion pour le Soleil ainsi que les maisons subséquentes. Mais je m'en tiendrai pour le moment à la prise en compte des planètes et des aspects qui sont les deux éléments les plus importants. Avec la suprématie de Mercure et du Soleil, l'angle d'or sera utilisé dans des domaines intellectuels, sociaux, spirituels dans la droite ligne des aptitudes propres à

1. *Nouvelle Approche des aspects astrologiques*, *op. cit.*

ces deux astres. Avec la suprématie de Vénus et du Soleil, ce type d'angle trouvera un moyen d'action dans l'art, l'esthétique, l'amour, les sentiments, en concordance avec la symbolique attribuée à ces deux corps célestes. Je ne retiendrai donc essentiellement que les astres et les angles pour prendre en compte une équation d'or, sachant néanmoins que si Vénus est puissante, cela sera bien souvent dû au fait qu'elle possède certaines maîtrises sur les signes de la Balance et du Taureau ainsi que sur les maisons qui lui sont dévolues ; il en est de même pour Mercure et pour le Soleil.

Les angles d'or et les réalisations humaines

Récapitulons à présent les différentes significations accordées au nombre d'or en fonction des découvertes qui ont été faites à son sujet, ce qui permettra de procéder à des choix thématiques bien ciblés. Nous savons qu'il fut considéré comme symbole d'harmonie car, dès l'Antiquité, il a permis d'établir la gamme ou « médiété harmonique », puis la « médiété géométrique » dont les architectes se servirent pour construire les temples, instaurant les premiers principes de l'architecture. J'ai également observé cette notion d'harmonie lorsque j'ai établi que ce nombre irrationnel était le seul capable de diviser un segment de droite en moyenne et extrême raison si on l'élève au carré et que l'on additionne ces deux résultats. Ultérieurement, Agrippa de Nettesheim et d'autres ont montré qu'il présidait à l'harmonie du corps humain. Fibonacci révéla sa fonction de croissance et de perpétuation. Avec la spirale logarithmique, Bernouilli détermina également son pouvoir de croissance mais aussi d'autosimilitude, ce qui nous ramène au principe de la reproduction. Ces données nous mettent en présence des fondements mêmes de la vie, qui est croissance et reproduction. C'est ainsi que l'on peut définir l'homme dans son aspect psychologique, capable d'évolution mais toujours semblable à lui-même. On retrouve ce nombre d'or également à l'œuvre de la même façon en biologie puisqu'il se trouve contenu dans la structure de l'ADN, notamment le ribose, noyau des nucléotides, représenté dans les schémas sous la forme d'un pentagone à cause de la forme de sa molécule. Il se trouve, via le nombre 5, son proche parent, au cœur des mécanismes humains et semble par conséquent présider aux fondements même de la vie ainsi qu'en témoigne certains éléments de l'ADN. On peut le considérer comme un facteur d'émergence de la pulsion de vie. C'est également le principe d'harmonie dans ses multiples acceptions qui gouverne le nombre d'or, puisque ce terme recouvre à la fois l'idée d'ordre, d'unité et d'organisation en même temps qu'il engendre rythme, mélodie, et beauté. C'est la raison pour laquelle on retrouve ce nombre essentiellement dans le domaine des arts : architecture, peinture, musique, poésie, mais aussi dans les formes physiques harmonieuses des êtres vivants. Il est le maillon indispensable des vraies relations amoureuses basées sur les affinités. Sans lui, l'amour se brise rapidement et devient une relation de dépendance psychologique ou matérielle ne pouvant aboutir à l'unité du couple mais à sa dissociation, qu'elle soit effective ou non. Il est également à l'origine de l'équilibre et de l'ordre du monde et même du cosmos. Il s'ensuit que les catégories d'individus les plus susceptibles de détenir des angles d'or dans leurs thèmes possèdent des liens d'affinité avec l'art, la création, la beauté, l'ordre, l'équilibre, la pulsion de vie.

Par souci de clarté, répartissons-les en différents groupes :

– *dans le domaine intellectuel :* les penseurs (harmonie du monde) et les chercheurs (biologistes, naturalistes) ;

– *dans le domaine artistique :* la musique (compositeurs, instrumentistes, chefs d'orchestre, chanteurs...), les beaux-arts (peintres, sculpteurs et graveurs) et les lettres (poètes) ;

– *dans le domaine de l'esthétique et de la beauté :* actrices, mannequins et top-model, miss ;

– *dans le domaine des affinités amoureuses :* couples célèbres pour leur grande harmonie, ou poètes qui ont sublimé l'amour dans leurs œuvres.

Il ne faudrait cependant pas s'imaginer que la seule présence de cette équation suffise pour exercer une profession artistique. Car, si celle-ci requiert des compétences en matière d'harmonie et d'esthétique, elle demande également des capacités de créativité, d'inventivité nécessaires pour réaliser une œuvre, cette dernière s'appuyant généralement sur deux autres équations : celle de la conjonction, qui comprend une valorisation des luminaires en même temps que l'aspect qui lui est dévolu, et celle du sextile, composée de Vénus, éventuellement de Jupiter et d'Uranus (en accord avec le cycle planétaire de ces deux astres qui est de 60°) et les écarts angulaires issus du nombre 6. Voici donc les deux autres équations qui se présentent également dans les thèmes des artistes.

Ayant déjà abordé ces configurations dans mon

dernier ouvrage, je concentrerai cette fois-ci mon attention uniquement sur l'équation d'or, mais le lecteur ne doit pas perdre de vue qu'elle n'est qu'un des maillons indispensables à l'accomplissement artistique, les autres y ayant également leur part. Et c'est le moment de rejeter l'idée selon laquelle les potentialités artistiques relèveraient uniquement d'un signe ou d'une planète, puisqu'il s'avère que c'est une série de nombreux facteurs, plus ou moins dominants et plus ou moins nombreux, qui signent une réalisation dans ces domaines. Il en va de même d'ailleurs pour toutes les autres sphères. Car on sait bien que chaque signe ainsi que chaque planète possèdent différentes racines symboliques et qu'ils s'orientent par conséquent différemment selon les aspects et les maisons qui gouvernent le thème et les correspondances qu'elles sont susceptibles d'entretenir avec les autres éléments.

9

Le monde des chercheurs

Débutons cette étude en évoquant les chercheurs qui se sont penchés sur les propriétés du nombre d'or, ainsi que ceux qui ont énoncé l'idée selon laquelle il existe une interaction entre microcosme et macrocosme, ceux également qui ont tenté de démontrer que notre monde était régi par un principe d'énergie vitale.

Les recherches sur le nombre d'or remontent à l'Antiquité puisque les Égyptiens l'utilisaient déjà en architecture et en avaient une connaissance approfondie. En témoigne ce commentaire de R. A. Schwaller de Lubicz consacré à l'exégèse symbolique du temple de Louxor : « Nous invitons les vrais amants de l'ésotérisme du Nombre d'Or à venir étudier la vieille Égypte. Ici φ et toutes ses applications, y compris le développement de 6 φ^2 divisé par 5 jouant le rôle de Pi, sont appliquées avec une connaissance vraie du Nombre que l'Occident – y compris l'époque de la Renaissance – ignore. Seule la grande mais courte époque gothique initiée, reste directement parente avec les sages pharaoniques[1]. »

Les découvertes sur les propriétés du nombre d'or furent bien antérieures à l'époque de Pythagore, mais il fut sans doute le premier à en dévoiler les mystères et à fonder une doctrine directement issue des propriétés de ce nombre. Le pentagramme était le signe de ralliement de tous les disciples de cette confrérie. Son école exerça une influence considérable sur les doctrines philosophiques postérieures, en particulier sur la philosophie platonicienne et néo-platonicienne. Si l'Antiquité accorda un grand intérêt à la divine proportion, ce ne fut en revanche pas le cas pour les siècles suivants et il fallut attendre la Renaissance avec Fra Luca Pacioli, Agrippa de Nettesheim et Léonard de Vinci pour que soient retrouvées ses vertus inestimables.

Notre étude sur les fondateurs du nombre d'or ne peut donc commencer qu'à cette époque car on ignore bien évidemment les dates de naissance de Pythagore, de Platon et de tous ceux qui, en ce temps-là, étudièrent ses propriétés. Parmi ceux qui vécurent à la Renaissance, on ignore aussi bien souvent le jour de leur naissance. C'est le cas de Fra Luca Pacioli. En ce qui concerne Agrippa de Nettesheim, on sait qu'il naquit le 14 septembre 1486, à Cologne, à une heure inconnue. Le thème de ce jour va cependant être suffisamment parlant pour étayer notre hypothèse quant à la valeur et la signification des angles d'or[2].

---

1. R. A. Schwaller de Lubicz, *Propos sur ésotérisme et symbole*, Dervy, 1977.
2. Dans les thèmes d'exemple qui suivent, seuls sont inscrits les aspects d'or ; leurs distances angulaires ont été arrondies au demi-degré inférieur ou supérieur afin de faciliter les calculs.

Les fondateurs

Henri-Corneille Agrippa de Nettesheim

Agrippa de Nettesheim fut encouragé à étudier la magie par l'abbé Tritheim. Docteur en théologie, il servit néanmoins comme capitaine dans l'armée de l'empereur Maximilien et fut élevé au grade de chevalier sur le champ de bataille. Puis il étudia les langues anciennes, la médecine et la philosophie, et se consacra à l'enseignement en répandant les théories nouvelles du néoplatonisme et de la Kabbale. Mais bientôt il fut expulsé de sa chaire de Dôle pour avoir exposé les idées de Reuchlin. Deux ans plus tard, en 1511, il siège au concile de Pise comme théologien, puis à Pavie en 1515. En 1518, il devient avocat à Metz, mais bientôt il doit fuir cette ville pour avoir défendu une jeune fille accusée de sorcellerie. En 1524, il reçoit la charge de médecin de Louise de Savoie. Puis on le voit écrivain. Tout d'abord, il est l'historiographe de Charles Quint; puis, en 1527, paraît son livre, *De la vanité des sciences*, qui fait scandale car il y défend la magie et la Kabbale. En 1533 paraît son ouvrage majeur, *De la philosophie occulte*, qui traite de l'ensemble des doctrines occultes – magie, Kabbale, astrologie, talismanique. Agrippa de Nettesheim mourut à Grenoble en 1535.

Le thème du 14 septembre 1486, bien que non domifié, nous met en présence de certains éléments de l'équation: un amas en Balance (Soleil-Mercure et Pluton) focalise l'attention sur Vénus, qui se trouve insérée dans une structure particulièrement harmonieuse. Elle est de surcroît en réception réciproque

Agrippa de Nettesheim

Le 14.9.1486 (heure inconnue),
Cologne (Allemagne) (50° 56' N, 6° 57' E)

Natal

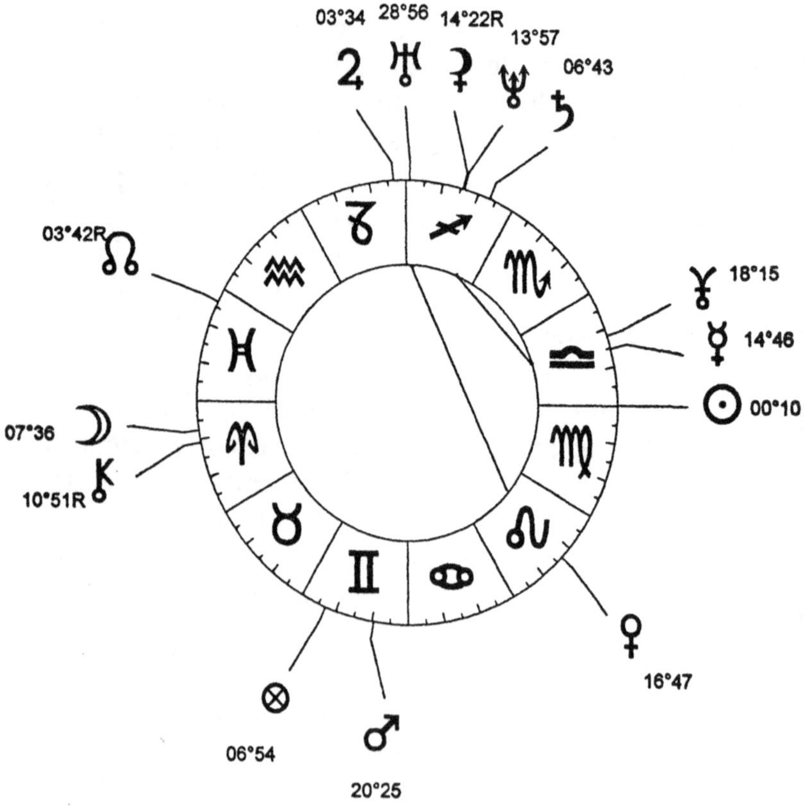

avec le Soleil. Ce dernier est en Balance tandis qu'elle est en Lion. Nous pouvons donc d'ores et déjà affirmer que Vénus est puissante par maîtrises et par aspects. Je voudrais également rappeler l'importance des aspects de la gamme 5 dans la valorisation de l'équation d'or, puisqu'il a été montré la proche parenté entre ces deux nombres, et par conséquent entre ces deux types d'aspects. Il s'avère alors tout à fait logique qu'un angle d'or prenne d'autant plus d'importance qu'il est soutenu par des aspects comme le quintile ou ses dérivés qui sont au rationnel ce que l'angle d'or est à l'irrationnel. Or, Agrippa de Nettesheim présente plusieurs quintiles dans son thème dont un, sans doute très important, reliant deux planètes lentes. Il s'agit du quintile Uranus-Pluton, dans lequel Mercure est impliqué par conjonction, Jupiter participant à cet aspect à l'autre bout. 72° séparent également le Soleil et Neptune. Dans ce contexte, renforcé d'ailleurs par une conjonction Saturne-Neptune, les angles d'or vont pouvoir trouver un terrain propice à leur épanouissement ; c'est ainsi qu'Uranus, amplifié par sa proximité à Jupiter, se trouve à 132° de Vénus, dont j'ai expliqué l'importance. Un autre angle d'or s'inscrit dans ce graphique en faisant intervenir deux planètes lentes, Pluton et Saturne, éloignées de 48°. Cet angle est d'autant plus à prendre en considération qu'il est formé de deux planètes lentes auxquelles Mercure vient se souder. L'astre de l'intellect se trouve donc relié à la fois avec le quintile et l'angle d'or, aspects de génération qui vont permettre à cet homme de jouer un rôle important dans le milieu de l'ésotérisme. *De la philosophie occulte* demeure l'ouvrage phare dans ce domaine à cette époque. S'il y évoque de nombreuses branches de l'occultisme comme

Paracelse

Le 10.11.1493 (heure inconnue),
Zurich (Suisse) (47° 22' N, 8° 32' E)

Natal

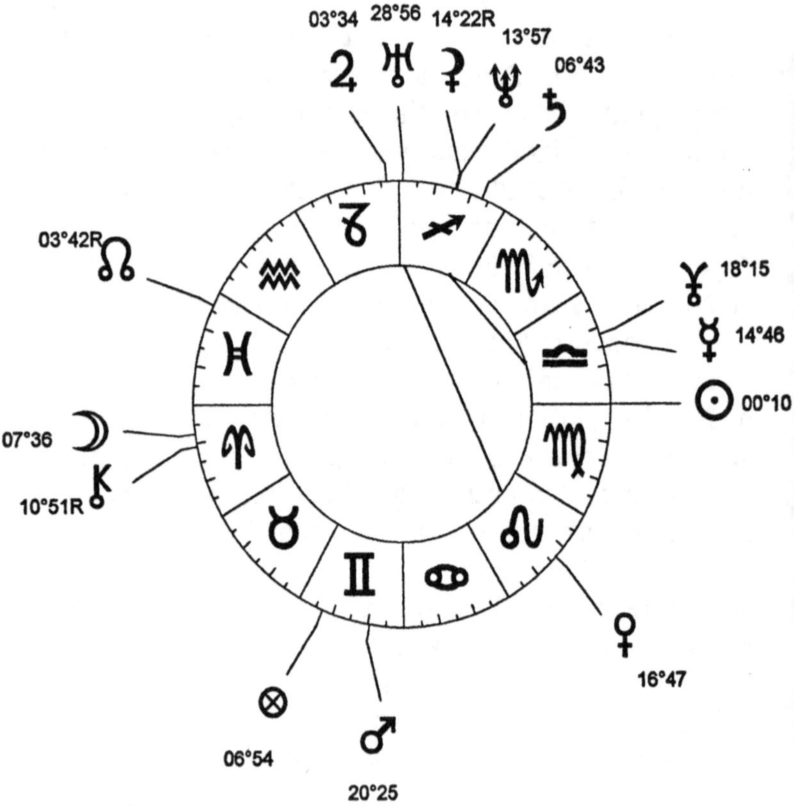

la sorcellerie, la Kabbale, la magie et bien d'autres, il reprend aussi les idées de Vitruve sur la section dorée à travers divers schémas montrant l'homme inscrit dans des figures géométriques issues du nombre d'or. De même, ses conceptions sont empreintes des doctrines gnostiques d'Hermès Trismégiste auxquelles on avait alors accès par les traductions de Marsile Ficin. Citons à ce propos cette célèbre phrase extraite de son ouvrage : « Les Anciens construisaient leurs temples, leurs édifices publics [...] et autres bâtiments sur le modèle du corps humain, tout comme Dieu mit dans la machinerie du monde la symétrie dont il pourvut le corps de l'homme. »

Paracelse

Le comte Aurélien Théophraste Bombast de Hohenheim, plus connu sous le nom de Paracelse, est une autre figure majeure de l'ésotérisme de ce siècle. Né à Einsiedeln, près de Zurich, le 10 novembre 1493, à une heure également inconnue, c'est par l'étude de la médecine qu'il va parvenir à ses conceptions hermétiques selon lesquelles il convient d'intégrer l'homme dans l'univers. C'est son père, médecin de son état, qui lui donne ses premières leçons. Dès 1510, il quitte la maison paternelle pour s'inscrire à l'université de Bâle où il reçoit le surnom de Paracelse. En 1511, il part pour Wurzbourg où il restera pendant cinq ans l'élève de l'abbé Tritheim, qui avait également été le maître d'Agrippa. Par la suite, il devient chirurgien militaire et voyage dans toute l'Europe.

La guerre finie, il s'installe d'abord à Fribourg en 1526 puis à Strasbourg où il fut très mal accueilli pour avoir obtenu un certain nombre de guérisons spectaculaires. Appelé au chevet d'Érasme, il parvient à le guérir et ce dernier, reconnaissant, le fait nommer professeur à l'université de Bâle. Là, Paracelse révolutionne les habitudes en décidant de donner ses cours non plus en latin, comme le voulait la coutume, mais en langue vulgaire, en l'occurrence l'allemand, et en opposant aux théories de Galien les enseignements d'Hippocrate. Il brûle également publiquement le livre de médecine d'Avicenne. Cette attitude, qui suscita une levée de boucliers, le contraint à quitter la ville et à mener une vie errante. Finalement, il parvient à Nuremberg où il finit par s'installer et rédiger une bonne partie de son œuvre, *Opus paramirum* et *Opus paragranum*. Une de ses œuvres les plus célèbres, son *Astronomia magna*, parue en 1538, a pour sujet la philosophie sagace du macrocosme et du microcosme. Dans son *De natura rerum*, Paracelse enseigne que l'homme se compose, comme tout ce qui existe, de sel, de soufre et de mercure. Le sel représente le corps et le mercure l'esprit. « Mais ce qui relie le corps et l'esprit [...], c'est l'âme, et l'âme c'est le soufre. Lui correspond le "corps étoilé" ou corps astral, qui fait également la liaison entre le corps et l'esprit. C'est la "voiture de l'âme" de Platon. On sait qu'il s'agit d'une "gaine pneumatique", qui, lors du *descensus*, fut remise à l'âme de la main des étoiles et de leurs cruels "administrateurs" [...] ceux-ci, ce sont les archontes, les "Archées ou Vulcains", les "forgerons". L'âme se défait du corps astral comme d'un vêtement lorsqu'elle fait le chemin inverse qui la ramène vers en haut, au royaume des archontes célestes[1]. »

1. Cité par W. Pagel, *Paracelsus als Naturmystiker*, Berlin, 1979.

Pour autant qu'on puisse en juger, l'accent est mis dans ce thème sur le Scorpion occupé par le Soleil, Mercure et Pluton, ce dernier étant en domicile, et sur le Capricorne, occupé par Neptune, Mars et Uranus, Saturne étant au Verseau, son second domicile. Les maîtres de ces deux signes sont donc forts et en tridécile l'un de l'autre, aspect auquel participe Mercure. Les intérêts intellectuels de Paracelse s'orientent ainsi, dans ce contexte, vers la connaissance des mondes souterrains et invisibles ; avec l'apport des angles d'or, il est soucieux de formuler des théories qui tendent à concilier l'harmonie entre l'homme et le ciel, entre microcosme et macrocosme, entre les facultés humaines et les propriétés du monde céleste. Uranus, dans son domicile, est éloigné de Jupiter de 138°, angle d'or par excellence. Ce premier devait être important à la naissance de Paracelse lequel fut considéré comme un véritable révolutionnaire et poursuivi comme tel. Vénus et Pluton ainsi que le Soleil et Mars sont également reliés par l'intermédiaire de ces aspects : 47° pour le premier et 42° 30' pour le second. Dans *De natura rerum*, on peut lire cette phrase qui résume bien les propriétés accordées au nombre d'or : « Qu'est la vie et comment vit chaque chose séparément ? Qu'on sache qu'elle n'est autre chose qu'un être spirituel, chose invisible et incompréhensible et esprit et chose spirituelle. »

Dans sa biographie consacrée à Paracelse, René Allendy écrit : « Toute la médecine de Paracelse est basée sur ce souci fondamental d'intégrer l'homme dans l'univers dont le Moyen Âge avait tenté de se séparer[1]. »

---

1. René Allendy, *Paracelse, le médecin maudit*, Paris, 1937.

Jacques et Jean Bernouilli

Célèbres mathématiciens du XVIIe siècle, les frères Bernouilli ont découvert et montré les propriétés de la spirale logarithmique. Mais ce fut Jacques qui prit la plus grande part à cette recherche. « Disciple de Leibniz, il s'initia au calcul infinitésimal qu'il développa, résolut le problème de la ligne isochrone (1690), en effectua la quadrature et la rectification (1691), puis détermina les tangentes aux spirales paraboliques et logarithmiques et à la loxodromie et publia la première intégration d'une équation différentielle[1]. »

Or, la spirale logarithmique est directement issue du nombre d'or puisqu'elle croît dans cette proportion à mesure qu'elle se développe. On retrouve cette spirale dans le monde du vivant, notamment chez le *Nautilius Pompilius*, coquillage dont les chambres augmentent avec sa croissance mais dont la forme reste inchangée, également dans le cosmos avec la présence du vent solaire et des galaxies dont les bras en spirales reflètent cette figure.

Né le 27 décembre 1654, à Bâle, Jacques Bernouilli présente des facteurs planétaires réunissant l'équation de l'angle d'or que la connaissance de son heure de naissance permettrait de mieux mesurer. Néanmoins, un Uranus du Capricorne entouré par les planètes rapides (Soleil-Lune-Mercure-Vénus) envoie un quintile à Jupiter valorisé en Poissons. C'est donc là un des premiers indices permettant de mettre en valeur la configuration recherchée. Ce même Uranus se trouve à 158° 30' de Pluton, ce qui nous met face à un aspect

---

1. Le Petit Robert, *Dictionnaire universel des noms propres.*

Jacques Bernouilli

Le 27.12.1654 (heure inconnue),
Bâle (Suisse) (47° 34' N, 7° 36' E)

Natal

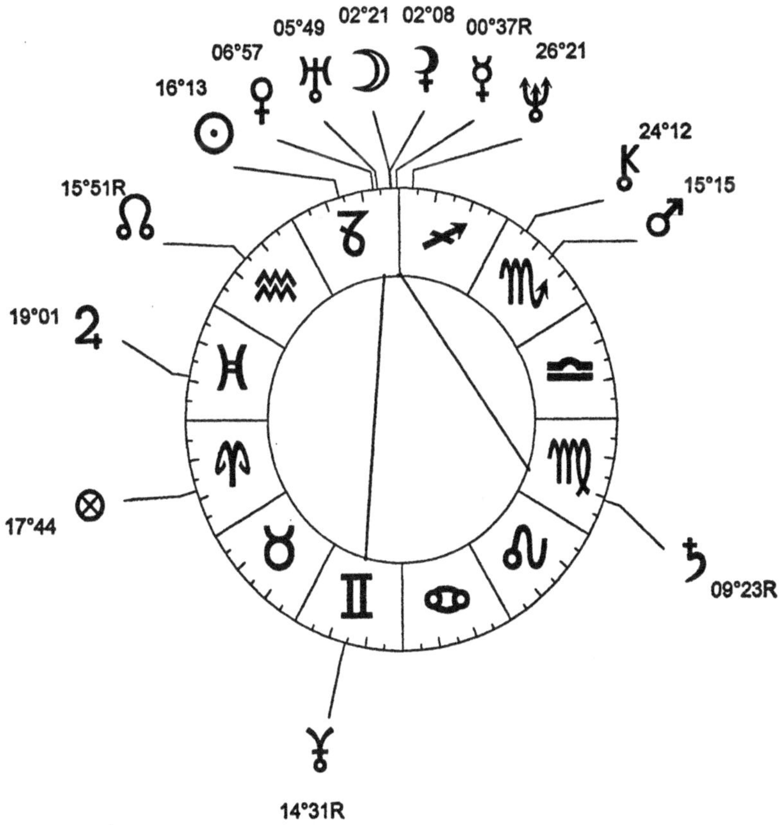

Jean Bernouilli

Le 27.7.1667 (heure inconnue),
Bâle (Suisse) (47° 34' N, 7° 36' E)

Natal

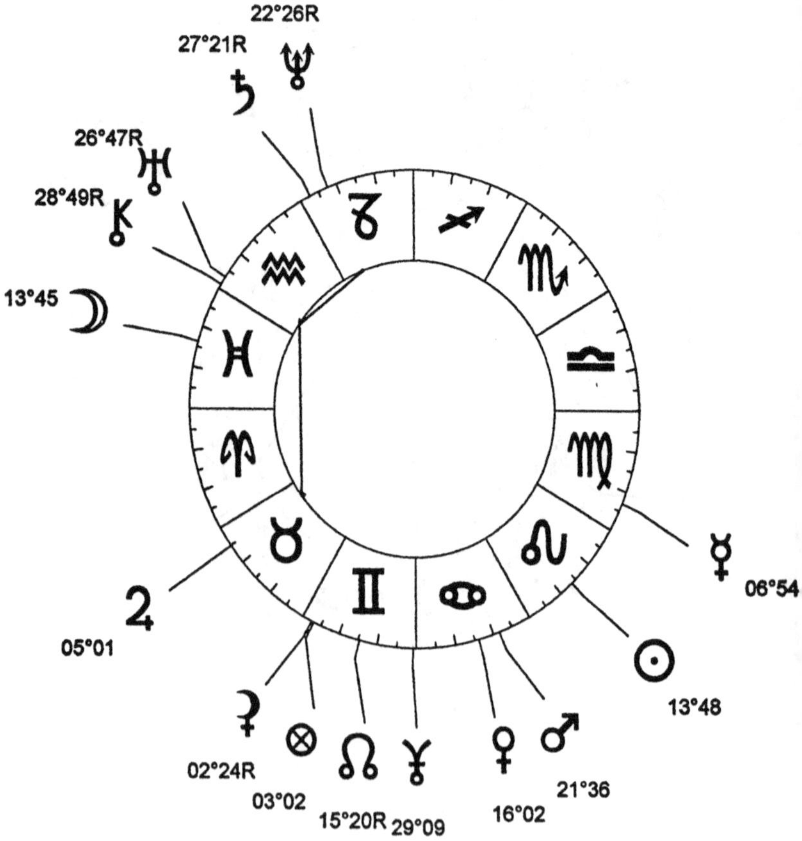

de génération valorisé. Par ailleurs, il faut remarquer la présence d'un angle d'or (111° 30') entre Saturne et Mercure, en plein cœur de l'amas.

Son frère Jean, né le 27 juillet 1667, à Bâle, à une heure également inconnue, détient lui aussi les indices de l'équation, si l'on en croit les aspects que forment certains astres entre eux. Le thème n'étant pas domifié, il est impossible de dire si ces écarts angulaires sont dominants ou non. Mais il importe d'ajouter que les découvertes réalisées par les deux mathématiciens ne furent pas l'essentiel de leurs travaux, et que, par conséquent, il n'est pas nécessaire que ces configurations se trouvent en position forte. Je remarque néanmoins la présence sans doute relativement importante d'un aspect d'or (34° 30') entre Neptune et Uranus, ce dernier étant dans son domicile en Verseau, maître d'un amas en Capricorne, Jupiter venant de surcroît se positionner à plus de 68° de ce dernier.

Malgré le manque de précision, nous sommes néanmoins en mesure de constater qu'il existe chez chacun d'entre eux l'ébauche très parlante d'une équation d'or susceptible d'expliquer les travaux qu'ils ont entrepris sur cette figure géométrique, ainsi que les découvertes auxquelles ils ont abouti. L'un d'eux fit inscrire cette spirale sur sa pierre tombale avec comme épitaphe la phrase suivante : *« Eadem mutatus resurgo*[1] *»*.

1. « Transformé et pourtant égal à moi-même, je ressusciterai. »

Nicolas Copernic

Le 19.2.1473 à 16 h 48 (0 heure),
Torun (Pologne) (53° 00' N, 18° 20' E)

Natal
Placidus

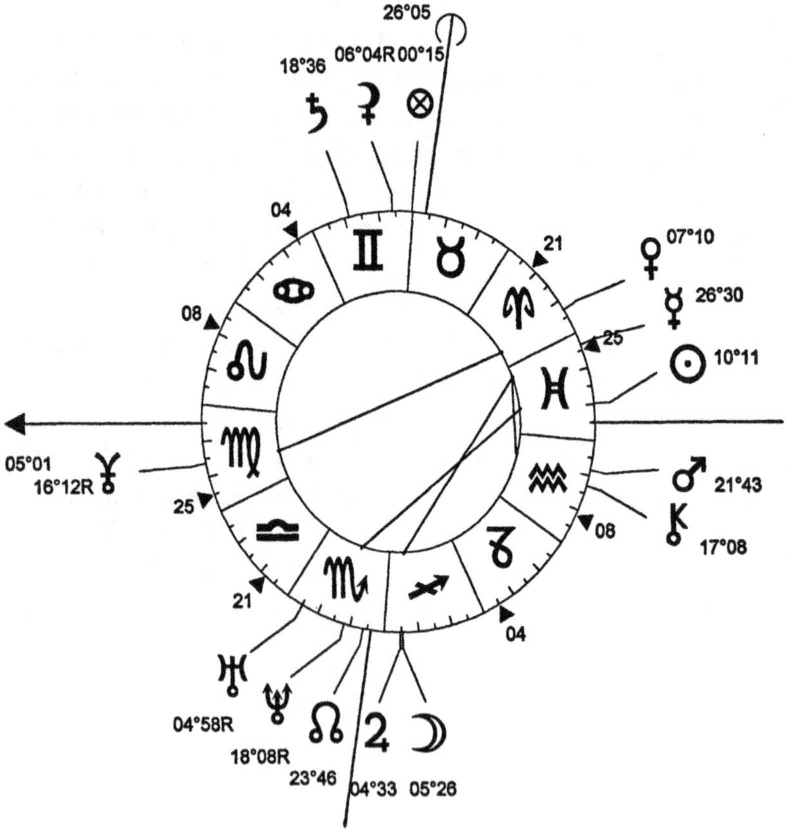

Les astronomes

Parmi les astronomes, il faut en citer au moins deux, Copernic et Kepler, qui, sans s'intéresser de près au nombre d'or, furent intimement convaincus qu'il existe une harmonie au sein du cosmos. Ces deux hommes consacrèrent d'ailleurs leur vie entière à échafauder une théorie de l'univers qui soit conforme à leur idée d'harmonie et d'équilibre : le premier en plaçant le Soleil au centre de l'univers et en fondant par conséquent le système héliocentrique, le second, persuadé lui aussi de ce système, en tentant de démontrer que le monde est construit selon les principes pythagoriciens et que les cinq polyèdres découverts par le philosophe résument à eux seuls la structure du cosmos lorsqu'il va être amené à constater que les cinq solides symétriques s'intercalent dans les cinq intervalles planétaires. À Saturne est dévolu le cube, à Jupiter, la pyramide, à Mars le dodécaèdre, à Vénus l'icosaèdre et enfin à Mercure l'octaèdre.

Partant de ces éléments, il semblerait qu'on puisse trouver, aussi bien dans les thèmes de Kepler que de Copernic, l'équation de l'angle d'or bien enracinée. Leurs données de naissance étant connues, je vais pouvoir visualiser les configurations sur le terrain.

Nicolas Copernic

Son heure de naissance nous est communiquée avec précision par André Barbault dans un article intitulé « Les fondateurs de l'astronomie moderne », paru dans *L'Astrologue* n° 133. Il naquit le 19 février 1473, à 16 h 48, à Torun, sur la Vistule en Pologne. D'emblée, il faut souligner que Mercure, maître de l'Ascendant en Vierge, se trouve dans l'orbe d'une conjonction avec Vénus, ce qui valorise cette dernière. Les aspects de l'invisible susceptibles d'étayer ma recherche ne sont guère présents, en dehors d'un quintile Vénus-Saturne qui intervient cependant dans la destinée du chanoine puisqu'il est impliqué dans la maison X. En revanche, de nombreux angles d'or parsèment l'horoscope et certains d'entre eux y détiennent même un pouvoir considérable, à commencer par l'angle de 112° qui unit le Soleil et Neptune.

Certains lecteurs pourraient voir dans cet aspect un trigone en début de formation. Je ne sais si l'on peut adhérer à une telle vision car il serait alors extrêmement large et, du fait du grand nombre des aspects maintenant recensés, il me paraît nécessaire de réduire leurs orbes sous peine de commettre des erreurs dommageables. Si donc on rejette l'idée du trigone, on peut dès lors considérer cet aspect comme étant un angle d'or presque exact. Il a, en outre, le privilège d'être dominant, puisque aussi bien Neptune que le Soleil sont les deux astres les plus angulaires du graphique et que ce dernier se trouve sous la maîtrise du premier. La vie du chanoine de Torun n'est d'ailleurs pas du tout à l'image des trigones qui agissent dans le contexte social, matériel, concret de la vie. Or, à part de longues études faites en Italie, Copernic vécut toute sa vie retiré du monde, ayant très peu d'amis et passant son temps à mettre au point sa vision héliocentrique. Ajoutons que cet aspect explique bien l'idée centrale de sa théorie qui s'efforça de montrer qu'avec le Soleil comme centre, l'univers était dès lors construit d'après un plan harmonieux. Cette conception, même si elle avait déjà pris corps sous l'Antiquité dans l'esprit d'Aristarque, était reformulée des siècles plus tard par Copernic ; et il faudra attendre encore plusieurs décennies avant qu'elle soit définitivement acceptée. L'équation d'or solidement inscrite dans le thème nous fait bien comprendre la raison de ses recherches : une conjonction Mercure-Vénus, un maître de l'Ascendant à 111° 30' d'un groupe Lune-Jupiter et à 34° 30' d'un Mars. Quant à Vénus, elle se trouve également liée à Pluton, proche de l'Ascendant, par 159°, angle qui établit un rapport d'harmonie entre ces deux corps célestes. Et si Copernic fut hanté par l'idée d'une harmonie qui régirait l'univers et passa sa vie entière à tenter de prouver cette idée, il faut sans doute en imputer la raison aux éléments qui imprègnent sa figure céleste.

Johannes Kepler

Nul doute que Kepler fut l'un des plus grands promoteurs d'un univers basé sur le règne de l'harmonie puisqu'il intitula précisément son œuvre majeure, *Harmonices Mundi.* Dans celle-ci, il tente de relier entre elles des matières telles que la géométrie, la numérologie, les mathématiques, la musique, l'astronomie et l'astrologie qui sont comme autant de ponts susceptibles de se rejoindre pour former une synthèse plus harmonieuse des connaissances. Tout se tient et se trouve relié en une structure parfaite conçue par le grand architecte. La figure du cercle en est, selon Kepler, le modèle archétypique le plus admirable.

Autant la notion d'harmonie présente dans les recherches de Copernic s'explique à travers la multipli-

Johannes Kepler

Le 27.12.1571 14 h 30 (0 heure),
Weilderstadt (Allemagne) (48° 45' N, 8° 57' E)

Natal
Placidus

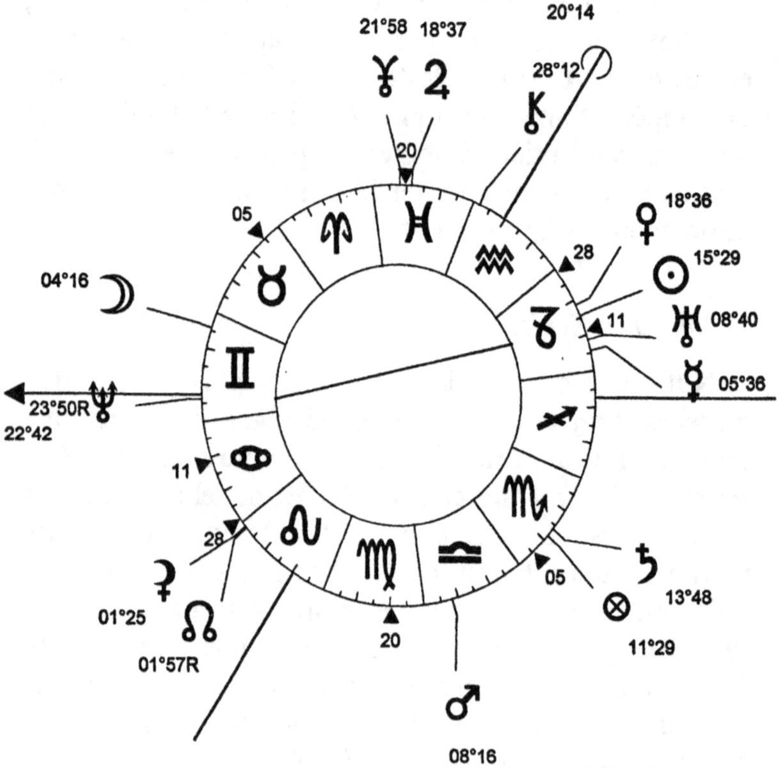

cité des angles d'or, autant l'œuvre de Kepler demande à être analysée en premier lieu à partir des aspects de l'invisible qui sont nombreux contrairement aux autres. En effet, un seul d'entre eux figure dans son thème, mais il a le mérite d'être soutenu par une magistrale équation du quintile. Or, tout au long de cette étude, on a pu constater la proche parenté qui existe entre le nombre d'or et le nombre 5, ce qui me conduit à établir également des liens très étroits entre les aspects de l'invisible et les angles d'or : les premiers permettent de tracer une figure géométrique et sont capables par conséquent d'exprimer la notion de fini alors que les seconds auraient pour vocation de rendre compte de l'infini.

Ayant déjà exposé dans mon ouvrage sur les aspects les éléments astrologiques qui concourent à l'intérêt que l'astronome a porté aux problèmes de l'invisible (les théories pythagoriciennes basées sur les nombres ainsi que ses recherches astrologiques qui font de lui un des astrologues les plus éminents de ces quatre derniers siècles), je les résume donc brièvement : présence d'un delta lumineux, fort valorisé par la proximité du Soleil et l'amplification de Jupiter, englobant de surcroît deux astres de génération (Uranus et Pluton) et montrant ainsi l'ampleur du travail mené par le savant dans ce domaine. Ce delta lumineux, d'une grande puissance, se présente de surcroît dans un contexte tout à fait concordant puisqu'il fait prévaloir un Neptune piqué sur l'Ascendant, un Saturne puissant par sa maîtrise sur l'important amas en Capricorne, et une occupation large des secteurs occultes. On peut donc affirmer que Kepler réunit tous les facteurs astrologiques présidant à l'équation de l'invisible. Il pourrait même en être le prototype et, de fait, il reste un exemple hors du commun en ce domaine.

En ce qui concerne l'équation de l'angle d'or susceptible d'expliquer l'idée d'harmonie cosmique qui hante son œuvre, elle peut paraître un peu faible, mais il ne faut pas oublier qu'elle existe déjà en germe avec l'équation que je viens de décrire, et qu'à partir de là il suffit de peu d'éléments pour qu'elle soit opérante. Rappelons que Mercure, l'une des composantes de l'équation d'or, fait partie des dominantes de ce thème : maître de l'Ascendant, de Neptune et de la Lune, il est également conjoint à Uranus, au Soleil et dans l'orbe d'une angularité au Descendant. Quant à l'aspect, il relie le Soleil et Neptune, distants de 158° 30'. Fait étrange, ce sont les mêmes astres et les mêmes angles qui jouent, aussi bien pour Kepler et Copernic que pour Newton, et qui incitèrent ces trois génies de l'astronomie à considérer l'univers comme une entité harmonieuse au sein duquel tout se tient.

Cela dit, le seul angle d'or inscrit dans le thème de Kepler est loin d'être secondaire puisqu'il se forme entre deux astres ayant du poids : Neptune par sa présence sur l'Ascendant et le Soleil par son rôle centralisateur qui fait de lui un élément important du thème. On connaît sa vénération pour le nombre d'or qu'il considérait comme un pur joyau de la géométrie, lui qui croyait à l'harmonie du monde et qui la démontra en énonçant les fameuses lois qui portent son nom.

Les ésotéristes

Plus près de nous, c'est le XIXe siècle qui a remis le nombre d'or au goût du jour. Certains chercheurs comme Zeysing, Th. Cook, D'Arcy Thomson ont redécouvert les propriétés de ce nombre et leurs travaux nous ont été rapportés par Matila C. Ghyka. Ignorant leurs dates de naissance, je ne suis pas en mesure de monter leurs thèmes. Les ésotéristes se sont également penchés sur cette proportion puisqu'elle semblait détenir un pouvoir mystérieux et hermétique qui les incitèrent à faire des recherches importantes sur ce point. Et c'est le thème de Dom Néroman, né à la fin du XIXe siècle, que je vais questionner. Nous allons pouvoir constater que l'équation d'or est inscrite dans son thème astral.

Dom Néroman

Astrologue de son état, il fut l'un des représentants les plus éminents du milieu astrologique au cours de la première moitié du XXe siècle. Il écrivit un bon nombre d'ouvrages sur le sujet et influença profondément son époque dans ce domaine. Il fut également très épris d'ésotérisme. En témoignent certains ouvrages tels que *La Clé secrète de la pyramide*, *L'Âme des planètes*, *Les Roses astrologiques*, *La Leçon de Platon*, ainsi qu'un ouvrage intitulé *Le Nombre d'or*, dérivé du précédent, et qui vient en simplifier la lecture. Ce sont donc deux ouvrages que l'ésotériste consacra à cette proportion dont il entrevit certaines propriétés encore inconnues telles que le binôme d'inversion, le dédoublement des séries d'or, leurs propriétés générales, la série S, et

Dom Néroman

Le 18.6.1884 à 5 heures (0 heure),
(France) (45° 00' N, 2° 00' E)

Natal
Placidus

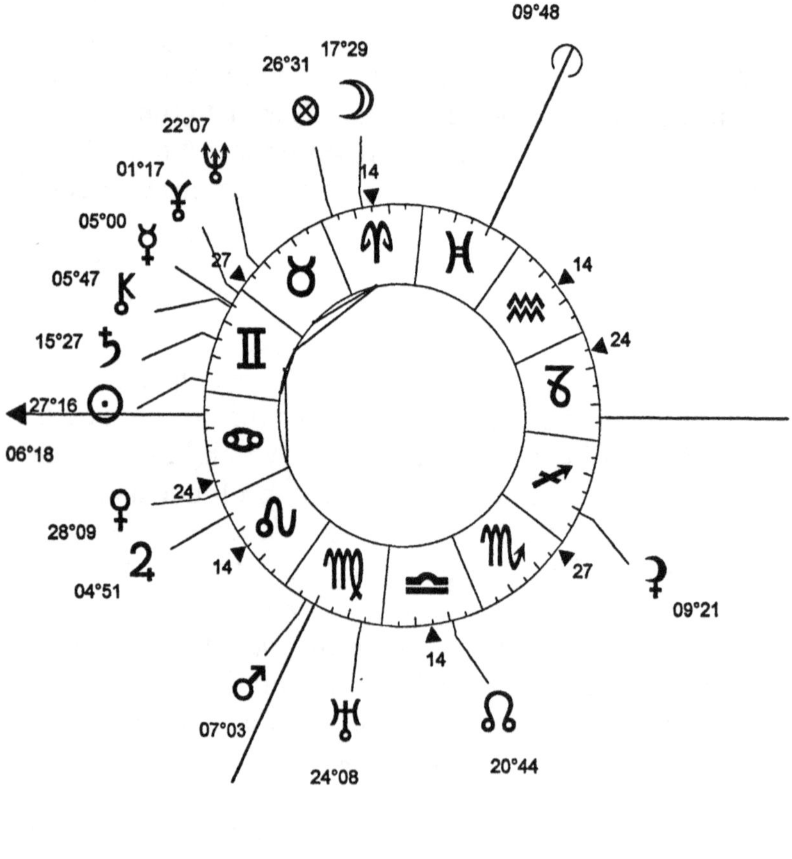

l'application de cette série à l'atomistique des sept métaux traditionnels. On peut donc considérer qu'il fut l'un des rares chercheurs du XXe siècle à s'intéresser de près à la divine proportion, au point d'avoir fait certaines découvertes qui le placent au premier rang dans ce domaine.

Originaire de Gramat, dans le Lot, il vint au monde le 18 juin 1884, à 5 heures, avec un Ascendant situé à 7° du Cancer. La Lune, maîtresse de cet Ascendant, se trouve au tridécile de Jupiter, le maître de la vocation. Avec cette configuration, soutenue par un important amas en maison XII (Soleil-Saturne-Mercure-Pluton), on constate d'emblée l'intérêt que Dom Néroman porte aux problèmes de l'invisible. Mercure, dispositeur de la IV et de l'amas en Gémeaux, relie également par tridécile Uranus présent au Fond du ciel. L'équation des aspects de l'invisible se trouve de fait bien ancrée au sein du thème et oriente notre homme sur la voie de l'ésotérisme. Cette configuration sert également de tremplin à une autre équation, celle de l'angle d'or, tout du moins lorsque certains éléments sont présents dans le thème. Une mention particulière doit être faite à Mercure qui, dans son domicile, et dispositeur d'un amas (Soleil-Saturne-Pluton) en Gémeaux et de deux astres (Mars-Uranus) en Vierge, se voit attribuer un singulier pouvoir. Or, du fait de certaines considérations astronomiques, j'ai indiqué la relation très étroite qui existe entre le nombre d'or et cet astre. Il me reste ainsi à détecter dans ce graphique certains aspects issus de ce nombre, ce qui m'amènera à valider l'équation recherchée. Pas moins de quatre aspects d'or figurent dans l'horoscope de Dom Néroman, et non des moindres : deux d'entre eux partent de la Lune qui, je le rappelle, est une des fonctions les plus importantes du moi, et touchent Mercure (47° 30') ainsi que Neptune (34° 30'). Un autre part du Soleil – on connaît bien la place privilégiée que cet astre occupe en astrologie – pour se relier à Mercure (22°) tandis que Vénus reçoit de surcroît pareil aspect de son confrère Saturne. Cette architecture thématique est des plus propice à la construction d'un temple voué à l'élaboration d'une pensée dont le nombre d'or serait en quelque sorte le centre.

Au chapitre 7 de son ouvrage sur ce sujet, Dom Néroman traite de l'atomistique planétaire, montrant les relations qui existent entre l'astrologie et la divine proportion. Il explique par des démonstrations ésotériques et numérologiques les rapports qui existent entre les planètes dites féminines (Lune et Vénus) et les planètes dites masculines (Mars et Jupiter) et montre ainsi le processus de l'accouplement puis de la progéniture avec Mercure. C'est ainsi qu'il en vient à définir φ comme nombre de vie régissant le cosmos tout entier.

Bien d'autres hommes auraient pu être étudiés dans ce chapitre si leurs données de naissance nous étaient parvenues. Hélas, nous ignorons bien sûr celle de Pythagore, de Luca Pacioli, de Robert Fludd, de Ghyka pour ne citer que ceux-là ! Je vais donc passer à des catégories d'hommes et de femmes beaucoup plus nombreux qui utilisèrent cette proportion dans leur œuvre ou qui exercèrent un métier artistique nécessitant le sens de l'harmonie et du beau.

Les biologistes

Étant donné que φ est principe et source de vie, il faut également mentionner tous ceux qui se penchent sur les phénomènes de la vie et de la nature, qu'ils soient biologistes ou naturalistes car ils sont amenés à faire des recherches ou à découvrir des mécanismes vitaux qui permettent d'approfondir les connaissances concernant ce domaine. Le nombre d'or, on l'a constaté, est présent au sein du vivant puisqu'on le retrouve dans l'ADN, molécule dont la structure est le programme biologique d'un être vivant, quel qu'il soit. Partant de ce raisonnement, il s'avère évident que l'on doit retrouver dans les thèmes de ceux qui ont contribué à une meilleure connaissance des êtres vivants, des angles d'or indiquant de façon probante l'intérêt qu'ils portent à cette matière.

Parmi ceux-ci, il faut de préférence citer ceux qui ont fait des recherches en génétique, une des branches les plus tournées vers le principe de la vie et ses mystères.

Ernst Haeckel

Le 16.2.1834 (heure inconnue),
Potsdam (Allemagne) (52° 25' N, 13° 03' E)

Natal

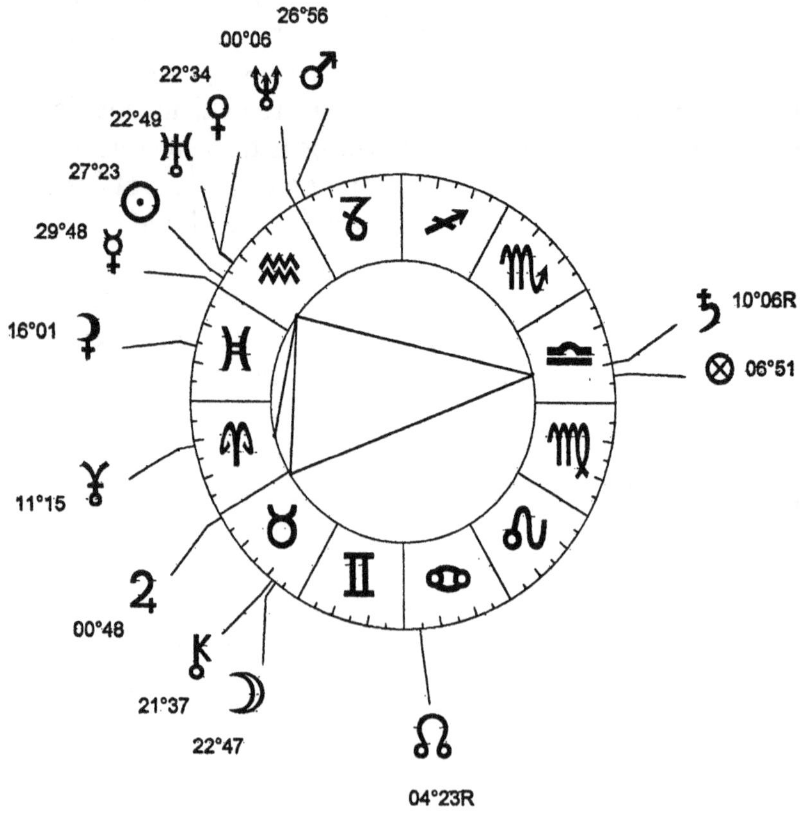

Ernst Haeckel

Tout d'abord philosophe, Ernst Haeckel étudia ensuite la médecine et les sciences naturelles à Berlin. Il s'orienta alors vers l'embryologie, puis voyagea à travers toute l'Europe pour enrichir ses connaissances. C'est à cette époque qu'il rencontra Darwin et qu'il adhéra à sa théorie. Enseignant à l'université d'Iéna dès 1862, il fonda une chaire de zoologie phylogénétique et, en 1866, publia *La Morphologie générale des organismes* où il expose et approfondit les découvertes faites dans le domaine de l'embryologie. C'est ainsi qu'il énumère les lois fondamentales de la biogénétique. En 1868, il publia une série de conférences qui tentent de concilier les théories de Lamarck et celles de Darwin.

Ne disposant que de la date et du lieu de naissance (16 février 1834, à Potsdam), je me contenterai d'examiner le thème du jour qui, en lui-même, est plutôt parlant compte tenu des configurations très marquées ce jour-là. Uranus, dans son domicile, le Verseau, vient colorer l'amas de planètes rapides Soleil-Mercure-Vénus, et se trouve à 132° 30' de Saturne, second maître du onzième signe, à 68° de Jupiter, et à 48° de Pluton, également dans son domicile. Cette structure met en cause les astres lents et importants de ce thème, et montre l'impact phénoménal des angles d'or.

Thomas Morgan

Le 25.9.1866 (heure inconnue),
Lexington (États-Unis) (38° 02' N, 90° 00' O)

Natal

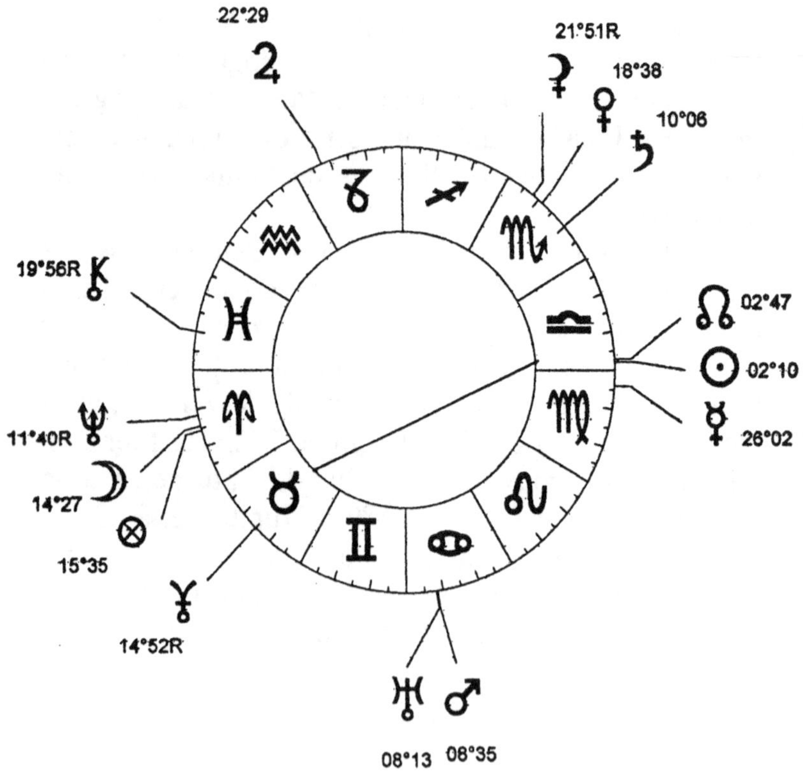

Thomas Morgan

Né à Lexington dans le Kentucky le 25 septembre 1866, on lui doit la théorie chromosomique de l'hérédité. Tout d'abord professeur de biologie en Pennsylvanie, il fut nommé en 1914 professeur de zoologie expérimentale à New York et obtint le prix Nobel de médecine en 1933. Ses recherches portèrent tout d'abord sur la polarité de l'œuf chez les amphibies, et sur la régénération des protozoaires. Puis il passa à l'étude de l'hérédité en exposant le comportement des chromosomes ainsi que leurs caractères morphologiques. Il montra que le gène, unité élémentaire contenue dans les chromosomes, est le dépositaire du caractère. Il exposa l'ensemble de ses recherches dans une œuvre abondante : *Les Bases physiques de l'hérédité* (1919), *La Théorie du gène* (1926), *Embryologie expérimentale* (1927), *Évolution et génétique* (1925), *Embryologie et génétique* (1933), pour ne citer que les principaux titres.

Bien que l'heure de naissance ne soit pas connue, la lecture du thème apparaît tout à fait convaincante même si elle ne peut être complète. Deux équations, en référence avec le processus de la vie, se trouvent imbriquées sous la forme des angles d'or et des angles de l'invisible, dont j'ai expliqué l'étroite connexion. Vénus, maîtresse du Soleil, est conjointe à Saturne, lequel envoie un quintile à Jupiter. Elle est également au biquintile de Neptune. Quant au Soleil, astre de vocation, il s'insère dans une figure triangulaire le reliant à Jupiter et à Pluton par angle d'or.

Jean Rostand

Le 30.10.1894 (heure inconnue),
Paris (France) (48° 52' N, 2° 20' E)

Natal

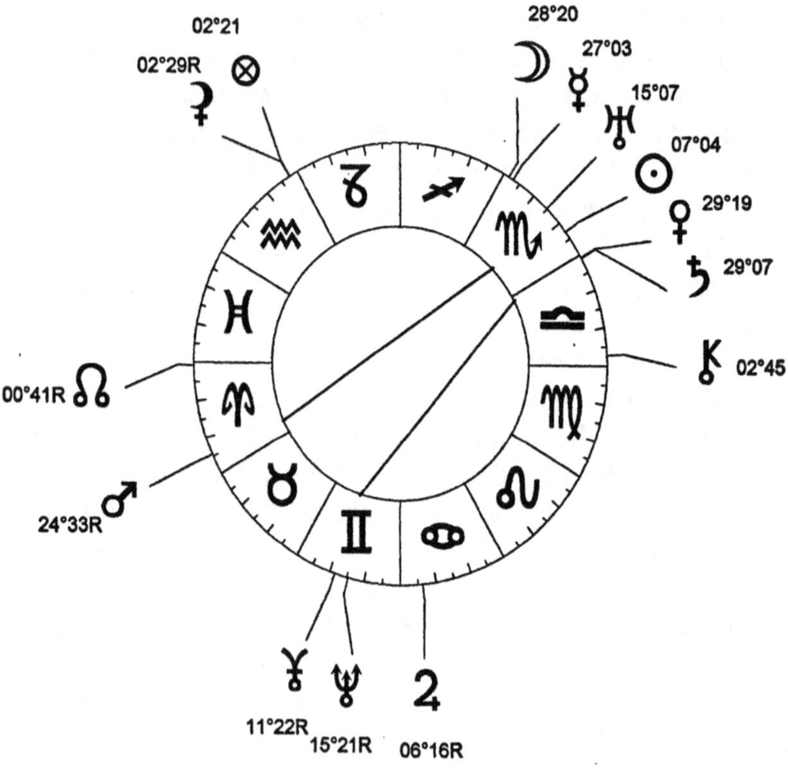

Jean Rostand

Fils de l'écrivain Edmond Rostand, il commencera sa carrière en écrivant des essais d'ordre philosophique avant de se consacrer à la recherche biologique. Après des études à la faculté des sciences et quelques œuvres de fiction morale, il entame sa publication d'ouvrages sur les problèmes de l'hérédité, tels *Les Chromosomes, artisans de l'hérédité et du sexe* (1938), puis il étudie les amphibiens en faisant des expériences sur les crapauds et les grenouilles, ce qui le conduira à l'exploration de la parthénogénèse. Chercheur mais également homme engagé, il prendra position sur bon nombre de problèmes de société et sur les dangers des progrès scientifiques lorsqu'ils sont utilisés par des individus malveillants ou des apprentis sorciers.

Ignorant l'heure de naissance de Jean Rostand (né le 30 octobre 1894, à Paris), il me reste à monter le thème de ce jour qui révèle une présence très nette d'angles d'or valorisés. L'amas en Scorpion (Soleil, Mercure, Lune, Uranus) met en relief Pluton, lequel est conjoint à Neptune en Gémeaux. Saturne, par sa conjonction avec le Soleil et Vénus, et son exaltation en Balance fait, avec Uranus, partie des codominantes, et se trouve à 137° 30' de Pluton. Voilà donc un premier angle d'or fort puissant puisqu'il implique de surcroît le Soleil et Vénus. Mars, régisseur au même titre que Pluton, de l'amas en Scorpion, est séparé d'Uranus par un angle de 159°.

François Jacob

Le 17.6.1920 à 9 heures (–1 heure),
Nancy (France) (48° 41' N, 6° 11' E)

Natal Placidus

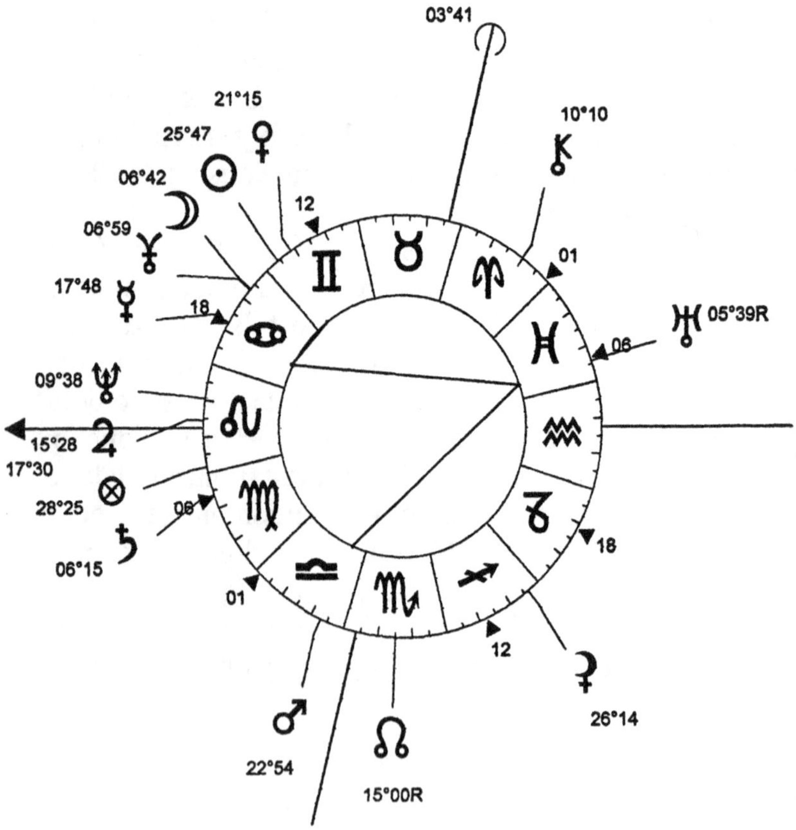

François Jacob

Citons enfin plus récemment ce biologiste (17 juin 1920, né à 9 heures, à Nancy) qui obtint le prix Nobel de médecine avec A. Lwoff et J. Monod pour « la découverte du rôle de *messager* de l'acide ribonucléique (ARN) dans la duplication de l'acide désoxyribonucléique (ADN) et la transformation de l'information génétique lors de la mitose[1] ». Ses recherches biologiques sont donc en parfaite adéquation avec la définition de l'angle d'or, et il serait ainsi tout à fait logique que son thème soit porteur de cette gamme d'aspects.

Le Soleil, promoteur de vie, maître de l'Ascendant et conjoint à Vénus, dispositrice du Milieu du ciel, forme un angle de 21° 30' avec Mercure, second maître de la maison X, lequel est séparé de Neptune par 22° et d'Uranus par 132°, ce dernier étant pareillement aspecté par Mars. Insistons sur l'angle d'or Soleil-Mercure (21° 30') qui correspond sur le plan astronomique à l'élongation moyenne de Mercure par rapport au Soleil et qui est par conséquent un écart angulaire fondamental au sein du système solaire.

1. Le Petit Robert, *Dictionnaire universel des noms propres.*

10

Le monde de la musique

Commençons par les musiciens, puisque j'ai montré dans l'exposé théorique comment la gamme était directement issue de ce principe. On s'en est rendu compte lorsqu'il a été question de la médiété harmonique. Pythagore puis Kepler se sont penchés sur les rapports des tons entre eux afin de montrer leur relation avec les distances planétaires.

Ce dernier, dans son *Harmonices Mundi*, rapporte d'ailleurs comment le savant grec put expliquer l'origine de l'harmonie musicale. Voici ce qu'il écrit : « D'abord certes, on rapporte qu'alors que Pythagore passait auprès d'une fabrique de fer, il remarqua que les sons des marteaux mêlés harmoniquement étaient perçus, que la différence des sons était à partir des marteaux, de sorte que les grands produisissent les sons graves, les petits les aigus. D'autre part, puisqu'une proportion était observée en particulier, il mesura les marteaux et il remarqua facilement les proportions selon lesquelles les intervalles harmoniques des voix, les discordants, les bien proportionnés et les non-proportionnés, étaient établis. En effet, il passa aussitôt des marteaux aux longueurs des cordes ; quand les oreilles indiquent exactement quelle partie de corde sont en consonance avec l'entière, quelles sont en dissonance avec elle[1]. »

En mathématiques, on a pu constater que la section dorée formait une progression géométrique croissante de raison égale à φ (voir fig. 2). On retrouve cette même progression en musique et notamment dans la gamme. Les deux tons de l'accord majeur final, mi et do par exemple sont entre eux dans le rapport 5/8. Les deux tons de l'accord mineur final, par exemple mi bémol et do fournissent le rapport 3/5. Or, le quotient de ces deux rapports tend vers la valeur du nombre d'or (0,615 pour le premier et 0,625 pour le second).

« Les Pythagoriciens considéraient la musique comme une harmonie des nombres et du cosmos, lui-même réductible à des nombres sonores [...]. C'est à leur école que se rattache la conception d'une musique des sphères. Le recours à la musique, avec ses timbres, ses tonalités, ses instruments divers, est un moyen de s'associer à la plénitude de la vie cosmique. »

Concernant la musique que l'homme est capable de créer, Boèce, transmetteur de la symbolique pythagoricienne, écrivit : « La musique régit l'homme et c'est en lui-même qu'il la saisit. Elle suppose un accord de l'âme et du corps [...] une harmonie des facultés de l'âme [...] et des éléments constitutifs du corps. »

Les musiciens sont donc bien placés pour figurer en tête de ceux qui utilisent constamment la divine proportion et lui accordent une place de choix puisqu'elle est à la base de leur outil de travail et qu'elle sert en quelque

1. Johannes Kepler, *L'Harmonie du monde*, *op. cit.*

sorte à la reproduction, au moyen des sons, des harmonies préexistantes au sein du cosmos. Et si la musique est considérée comme l'art par excellence, c'est qu'elle représente l'archétype le plus propice pour exprimer l'idée de beauté et d'harmonie sur Terre.

Les compositeurs

Créateurs de sons et d'harmonies, ce sont à eux qu'il convient tout d'abord de s'adresser pour voir si la divine proportion s'exprime dans leurs thèmes sous forme d'angles d'or. De nombreux compositeurs ont retenu mon attention mais c'est en particulier à Mozart et à Beethoven, unanimement reconnus comme les deux plus grands génies en la matière, que je donnerai la primeur.

Ludwig van Beethoven

Il n'est nullement dans mon intention, ici, de faire une description du tempérament de chaque musicien et de Beethoven en particulier, puisque ma recherche n'est pas d'ordre psychologique mais d'ordre dynamique et consiste à détecter les facteurs susceptibles d'indiquer les potentialités réalisatrices de l'individu. Le caractère indique la manière dont la personne va se comporter et réagir, mais non le moyen qu'elle va choisir pour se réaliser. En ce qui concerne la psychologie de Beethoven, je renvoie donc le lecteur à l'étude qu'en a faite André Barbault dans un de ses ouvrages[1]

1. André Barbault, *L'Univers astrologique des quatre éléments*, Éditions Traditionnelles, 1992.

Ludwig van Beethoven

Le 16.12.1770 à 13 h 30 (0 heure),
Bonn (Allemagne) (50° 43' N, 7° 5' E)

Natal
Placidus

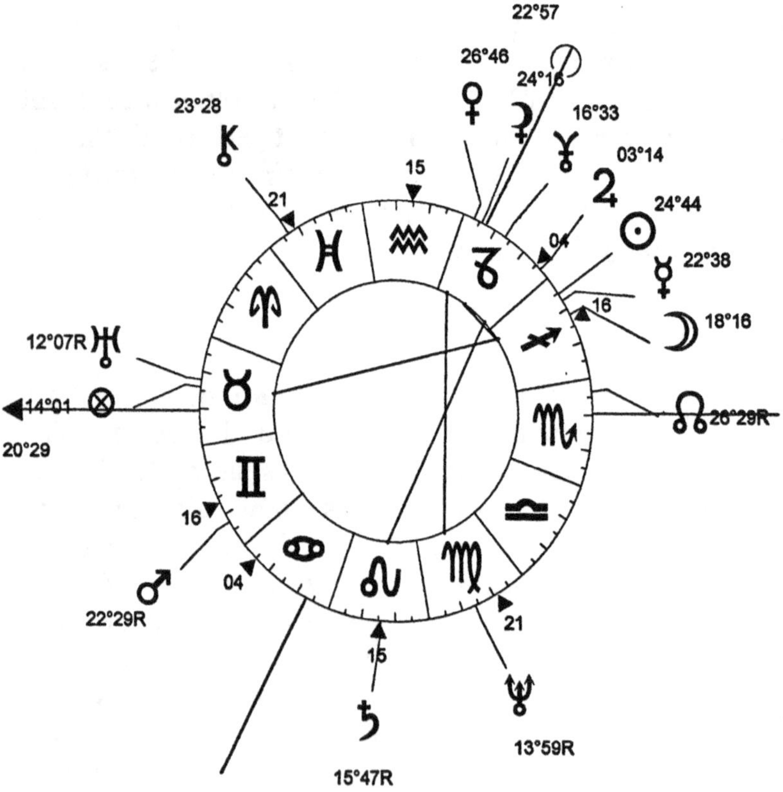

où il explique très bien, à travers l'importance du feu (Uranus et Pluton angulaires ainsi que la triple opposition ignée de Mars au groupe Soleil-Mercure-Lune du Sagittaire) et à travers l'aspect très individualiste (Uranus sur l'Ascendant carré à Saturne), les processus psychologiques du musicien qui incarna « le romantisme dans le tourment d'une nature colérique, ombrageuse, véhémente, passionnée » et, comme le souligne Claude Rostand, « qui est le premier à avoir créé une catégorie d'artistes absolument nouvelle [...] c'est lui le premier qui, par sa volonté, s'est affranchi [...] c'est la possibilité de faire de l'art pour l'art avec le génie qu'il avait qui lui a permis de réaliser ce retrait hors du mécanisme social précédent, ce qui va complètement changer la situation du musicien vis-à-vis de la collectivité [...] et c'est ainsi qu'au lieu de se devoir, comme par le passé, à la collectivité, le type d'artiste créé par Beethoven attend au contraire que la collectivité vienne à lui, le suive, se doive à lui, intellectuellement et matériellement[1]. »

Si ces explications psychologiques décrivent bien la personnalité du musicien, elles n'expliquent cependant pas son orientation fondamentale vouée au culte de la musique ; il faut alors considérer d'autres configurations que celles qui viennent d'être mentionnées et faire appel à un certain type d'équation pour rendre compte de la vocation d'un homme. Et c'est bien sûr essentiellement à travers l'aspect astrologique (relié le plus souvent à certains facteurs planétaires, terrestres et zodiacaux), principale source de la dynamique thématique, que l'on peut entrevoir les actions et les ambitions du natif, les autres éléments, notamment les

1. *Histoire de la musique*, Gallimard, « Bibliothèque de la Pléiade ».

éléments psychologiques, étant propres à déterminer de quelle manière et dans quelle mesure l'homme va s'engager dans l'action qu'il a choisie de mener.

Après cette mise au point, revenons donc à l'analyse du thème de Beethoven né le 16 décembre 1770, à 13 h 30, à Bonn, et dégageons les éléments qui ont présidé à sa vocation de musicien. Nulle doute qu'ils aient une importance considérable, étant donné la place qu'occupe Beethoven au panthéon des compositeurs. Signalons que dans son *Univers astrologique des quatre éléments*, Barbault fait naître Beethoven à 14 heures au lieu de 13 h 30. Quelle que soit la version choisie, elle ne change guère la teneur de mon interprétation, celle de 14 heures mettant tout de même encore plus l'accent sur les configurations recherchées. L'Ascendant se trouve dans les deux cas en Taureau. Vénus en est donc la maîtresse et culmine (surtout pour 14 heures) au Milieu du ciel, ce qui la valorise singulièrement. Voilà donc un des premiers éléments majeurs de l'équation de l'angle d'or. Dans son analyse, Barbault ignore les caractéristiques vénusiennes de Beethoven au profit d'Uranus et de Pluton. C'est que, bien qu'angulaire, elle n'est pas très expressive en Capricorne, signe qui tend à ne pas laisser apparaître ouvertement ses sentiments, et qu'elle se trouve précisément dans un contexte où le sec prédomine au détriment de l'humide. Cette Vénus se trouve ainsi un peu occultée, mais n'en œuvre pas moins de manière sous-jacente du fait de sa valorisation et de sa position en secteur X qui exprime, au plus haut degré, l'appel de la vocation. Elle est la planète qui opère la synthèse entre le moi et l'idéal du moi. Si l'on peut éventuellement la négliger dans le portrait psychologique, il serait fâcheux de l'ignorer dans l'analyse dynamique car elle va permettre à Beethoven de sublimer ses problèmes dans la mesure où elle est l'un des plus solides représentants du moi du fait de sa position harmonieuse (en trigonocratie, angulaire et sans mauvais aspect).

Cependant, sans la présence d'angles d'or notoires, cette Vénus ne peut à elle seule expliquer l'engouement si profond de cet homme pour la musique, dans la mesure où chaque astre recouvre un champ d'expériences très différent selon l'aspect avec lequel il joue. L'alliance de Vénus et des angles d'or, lorsque ces éléments se confondent avec le secteur de la vocation, incite l'individu à s'accomplir dans le domaine des arts (que ce soit la peinture, la musique, la sculpture, l'architecture, etc.). Cette structure ressort singulièrement dans le thème du compositeur qui est émaillé de nombreux angles d'or, le plus important étant celui qui s'exerce entre Vénus précisément et Neptune (132° 30') et qui opère de surcroît entre les secteurs VI et X. Puis vient celui de 137° 30' (angle d'or majeur) qui sépare Jupiter (important du fait de sa maîtrise sur l'amas en Sagittaire) de Saturne (maître à la fois de Vénus et du secteur X). Il faut compter aussi avec le Soleil (pôle social et idéal du moi) également à 137° 30' d'Uranus, autre fonction du moi, et à 21° 30' de Pluton en culmination supérieure. Tous les points importants du thème forment donc un réseau d'angles d'or venant se connecter en des lieux propices à l'accomplissement du natif.

Pour expliquer la place majeure que Beethoven joue dans l'histoire de la musique, il faut mentionner la présence rare de deux angles d'or de génération, dont un qui relie Jupiter et Saturne, le Soleil participant à cette liaison.

Hector Berlioz

Berlioz eut la révélation de la musique en écoutant les symphonies de Beethoven et la musique de Weber. Chez ce musicien enthousiaste, qui vit dans la fièvre et dans les convulsions, le feu prédomine avec une triple conjonction Soleil-Mars-Mercure en Sagittaire, un duo Lune-Neptune, maître d'Ascendant, en Scorpion, et la culmination supérieure de Pluton. Attiré par un art d'expression tragique et passionné, il n'avait que dégoût pour les frivolités de l'opéra-comique. Son œuvre est celle d'un Scorpion de surcroît très plutonisé. En témoignent les titres des plus célèbres œuvres : *La Damnation de Faust*, *La Symphonie fantastique*, *La Symphonie funèbre et triomphale*. Sa vocation musicale se lit d'abord dans son thème grâce à l'angularité de Vénus sur le Descendant, puis à la Lune en secteur VI, maîtresse de l'Ascendant en Cancer, qui, en dehors de sa conjonction avec Neptune, n'est reliée aux autres astres que par des angles d'or et se trouve simultanément à 42° 30' de Vénus, 47° 30' de Saturne et 21° 30' de Jupiter, maître de la maison X. Ces facteurs établissent ainsi la vocation musicale de Berlioz qui possède tous les atouts pour s'exprimer et réussir dans cet art.

Claude Debussy

C'est à 4 h 30 du matin, le 22 août 1862, à Saint-Germain-en-Laye que naît le musicien. Enfant, il étudia le piano et il dut son entrée au conservatoire à une ancienne élève de Chopin qui le poussa dans cette voie. En 1880, il est employé comme pianiste et professeur par une Russe fort riche et part en voyage à travers

Hector Berlioz

Le 11.12.1803 à 17 heures (0 heure)
La Côte Saint-André (France) (45° 13' N, 5° 42' E)

Natal
Placidus

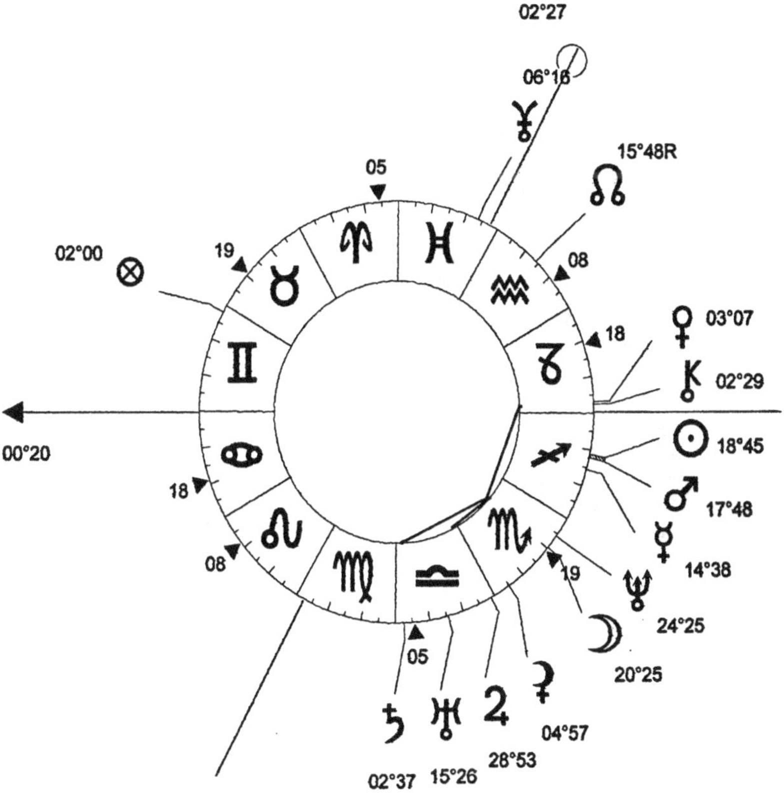

Claude Debussy

Le 22.8.1862 à 4 h 30 (0 heure),
Saint-Germain-en-Laye (France) (48° 53' N, 2° 00' 24" E)

Natal
Placidus

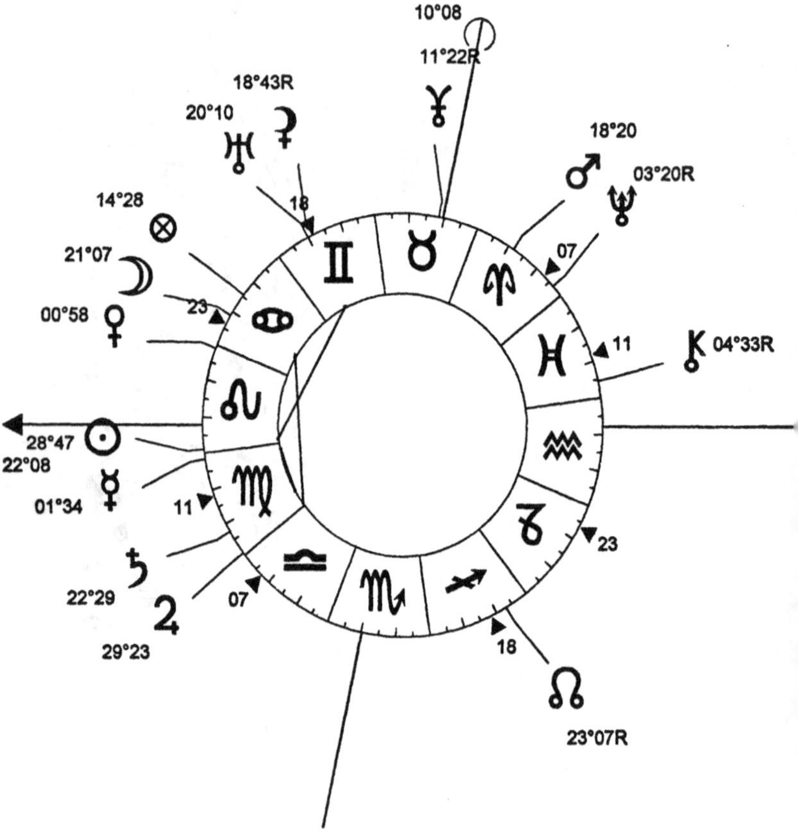

la France, la Suisse et l'Italie. Il occupera cette fonction jusqu'en 1884 et ce sera pour lui l'occasion d'aller à Moscou écouter la musique du « Groupe des cinq ». En 1884, il obtient le prix de Rome. Il séjourne alors trois ans à la Villa Médicis, n'y trouvant aucun agrément. De retour à Paris, il se lie avec les poètes symbolistes et parnassiens et se trouve profondément influencé par la peinture impressionniste, ce qui orientera sa création musicale dans une voie originale.

Pour rendre compte d'une vocation, quelle qu'elle soit, il ne suffit pas d'invoquer les éléments planétaires ou zodiacaux, puisque chaque signe et chaque astre détient son lot de musiciens célèbres. Seuls les aspects, notamment les angles d'or, dont la spécificité consiste à créer les manifestations de la beauté et de l'harmonie, se retrouvent systématiquement dans les thèmes des grands musiciens. Étant donné leur position au sein du système solaire, Mercure, Vénus et le Soleil évoquent également ce principe d'harmonie, mais ne suffisent pas, à eux seuls, à accorder des aptitudes pour la musique car les astres opèrent en fonction des angles. Dans le thème de Debussy, on constate bien la valorisation combinée de Mercure et du Soleil : ces deux astres sont angulaires sur l'Ascendant, tous deux dans leur domicile, et en conjonction. Cela dit, il convient de considérer les aspects avec lesquels ils peuvent s'associer car ce sont eux qui vont nous dire dans quelle direction le sujet peut œuvrer. Si les angles d'or prédominent et sont impliqués dans les secteurs à caractère professionnel, il y a alors de fortes chances pour que l'individu s'oriente vers des activités artistiques, puisqu'elles mettent en jeu des valeurs propres à cette équation. Vu l'importance de ces deux astres chez Debussy, il reste maintenant à savoir si des aspects d'or sont présents au sein du thème. À la fois puissant et dispositeur de la vocation, le Soleil est à 69° d'Uranus. La Lune applique à Vénus, maîtresse de la maison X, et relie Jupiter par un angle de 68°. Mercure, second régisseur de la maison X, se tient à 21° de Saturne, dispositeur de la maison VI. Ainsi sont réunis tous les points susceptibles d'éclairer la vocation artistique du célèbre compositeur.

Wolfgang Amadeus Mozart

Être d'exception, génie incontesté, le cas de Mozart reste un mystère qui n'a pas encore été élucidé. Son thème astral peut-il nous aider à comprendre l'origine de son immense talent ? En dehors de la recherche concernant l'équation de l'angle d'or, voilà une des questions à laquelle je vais tenter de répondre. Né le 27 janvier 1756, à 20 heures, à Salzbourg, il fut dès son plus jeune âge plongé dans le milieu de la musique. Ce fut son père, musicien à la cour de l'archevêque de Salzbourg, compositeur, violoniste et professeur réputé, qui contribua largement à épanouir la précocité musicale de Mozart ; à tel point que, à l'âge de six ans, ce dernier avait déjà composé son premier morceau, un menuet, suivi quelques mois plus tard de trois autres et d'une sonate. Déjà, à cette même période, sa sœur aînée et lui se produisaient comme virtuoses à Vienne et à Munich grâce à leur talent vivement encouragé par leur père. Puis ce fut l'époque des voyages artistiques émaillés de concerts et de rencontres qui influencèrent profondément l'éducation musicale du petit prodige. Pendant trois années riches en expériences, la famille

Wolfgang Amadeus Mozart

Le 27.1.1756 à 20 heures (0 heure),
Salzbourg (Autriche) (48° 00' N, 13° 00' 04" E)

Natal
Placidus

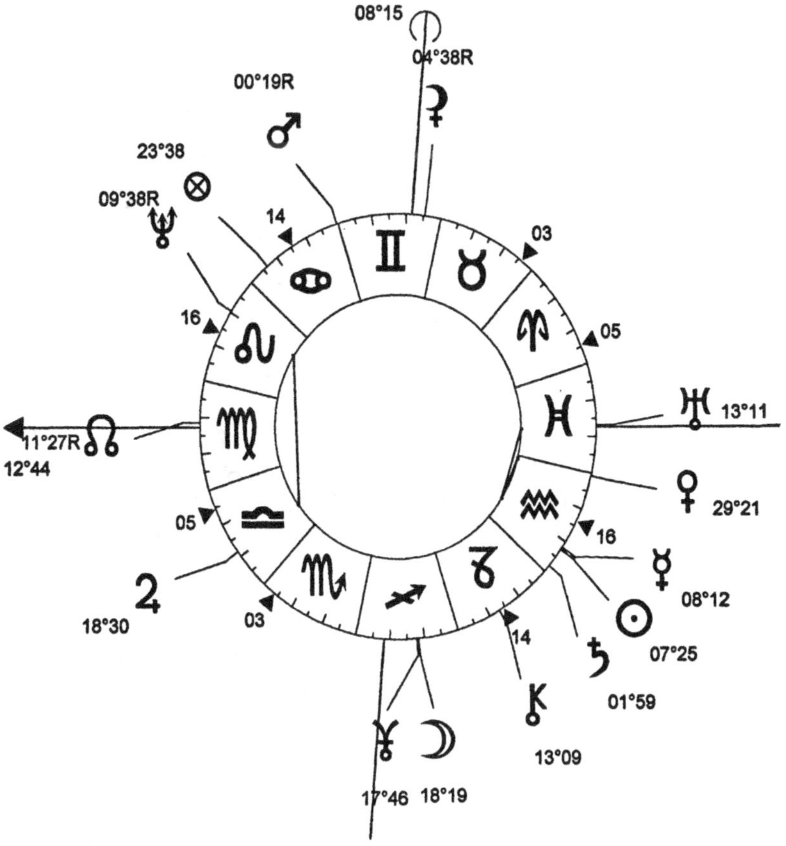

visita successivement la France, l'Angleterre et les Pays-Bas, et Mozart en rapporta tout un bagage qu'il assimilera par la suite et qui sera le ferment de son style musical.

Il est intéressant de noter qu'en dehors de son génie, le milieu familial contribua largement à développer les dons que possédait le musicien. Sur le plan astrologique, on sait que la notion de famille ainsi que la notion d'hérédité trouvent leur point d'appui dans la maison IV, fait qui se confirme chez Mozart par la valorisation de cette maison puisque Pluton et la Lune s'y trouvent conjoints, cette dernière étant de surcroît maîtresse symbolique de ce secteur. Le rôle important joué par la famille est donc inscrit à travers cette configuration. Son sextile exact avec Jupiter, son maître, va la rendre d'ailleurs extrêmement féconde. Voilà l'un des aspects qui explique pourquoi l'enfance ainsi que le milieu familial de Mozart, déterminants pour sa carrière, furent si riches en expériences. Il faut ajouter à cela la présence d'un angle d'or (69°) entre les deux maîtres de la maison IV, Jupiter et Neptune, qui vient s'ajouter au contexte et montrer que le génie musical de Mozart s'enracine dès la plus tendre enfance, au sein d'une famille dont c'était la préoccupation principale, mais également que l'hérédité a dû jouer un rôle dans cette précocité qui, rappelons-le, concernait aussi la sœur aînée du musicien. Il semblerait dès lors que tous les facteurs (aussi bien héréditaires que familiaux et sociaux) soient réunis au sein du thème pour faire de Mozart un génie musical prédestiné.

Il reste maintenant à examiner les facteurs de la personnalité qui doivent se trouver en accord avec les éléments précédents afin que le sujet soit disposé à œuvrer dans le même sens et à utiliser au mieux le contexte familial et héréditaire. Mais, avant toute chose, questionnons le thème pour savoir s'il s'accompagne d'une équation d'or fortement valorisée étant donné la place prépondérante qu'occupe Mozart au sein des grands musiciens.

Contrairement au thème de Beethoven – qui ne comportait quasiment aucun aspect de la gamme 5 ou 10 –, celui de Mozart contient en revanche une belle équation de l'invisible indiquée par la puissance de Saturne, conjoint au Soleil et à Mercure, et dispositeur avec Uranus de l'amas en Verseau. Un autre fait important est l'orbe de sa conjonction avec le Soleil qui est de 5°. Ces points déjà fort parlants se trouvent renforcés par l'occupation planétaire de la maison IV, la première des trois maisons occultes que compte le zodiaque, ainsi que par un nombre assez impressionnant d'aspects de l'invisible : Vénus est quintile au groupe Lune-Pluton. Un triangle de l'invisible relie également un Uranus angulaire en pointe de la maison VII (on sait l'importance de cet astre chez Mozart) à Mars et Jupiter, ce dernier recevant également un tridécile du Soleil. Cette équation prépare donc le terrain pour mieux recevoir les angles d'or et leur donner ainsi tout pouvoir.

Quant à l'équation d'or, ultime configuration à détecter, elle se présente sous un jour particulièrement propice dans la mesure où Mercure joue un rôle prédominant dans cet horoscope. N'est-il pas en effet maître des deux angles principaux (Ascendant en Vierge, Milieu du ciel en Gémeaux), conjoint au Soleil et à Saturne, en trigone exact avec le Milieu du ciel ? De surcroît, il relie Uranus, astre dominant, par un angle de 35°, mais le plus remarquable vient de Vénus située à 21° 30' à la fois du Soleil et de Mercure. Ces trois astres sont reliés chez Mozart par aspect d'or. Ils reproduisent par conséquent à la naissance du musicien une harmonie unique et rare en correspondance avec les coordonnées cosmiques. Je ne l'ai trouvée dans aucun autre thème de ma collection.

Franz Schubert

Né le 31 janvier 1797, à 13 h 30, à Vienne, il fait partie des musiciens qui, dès l'enfance, manifesta des dons musicaux si extraordinaires que son père, qui était un pauvre maître d'école, reconnut d'emblée sa vocation. En 1808, grâce à un concours, il fut admis comme élève au Stadtkonvikt où il étonna ses maîtres. Il composa son premier lied le 30 mars 1811. Mais en 1813, sa voix ayant mué, il dut quitter le Stadtkonvikt car il avait été admis comme chanteur soprano dans le chœur de la Chapelle impériale. Pour pouvoir subsister, il dut passer l'examen d'aide-instituteur auquel il fut reçu. Enseigner fut pour lui un véritable supplice ; ne trouvant de consolation que dans la musique, son œuvre s'élabora alors dans une véritable frénésie créatrice. Dans la seule année 1815, il va composer quatre opéras-comiques, deux symphonies, deux messes, deux sonates pour piano, un des quatuors et cent quarante-quatre lieder. Trois ans plus tard, il quitte son poste d'enseignant et la maison familiale pour s'installer dans une petite chambre avec l'aide pécuniaire d'un de ses amis. Jusqu'à sa mort, qui survint en 1828, il va désormais mener une vie de bohème à Vienne, trouvant refuge auprès de quelques amis qui l'accompagneront dans ses soirées de beuverie dans les tavernes ou dans ses parties de campagne autour de Vienne.

Franz Schubert

Le 31.1.1797 à 13 h 30 (0 heure),
Vienne (Autriche) (48° 00' N, 16° 01' 25" E)

Natal Placidus

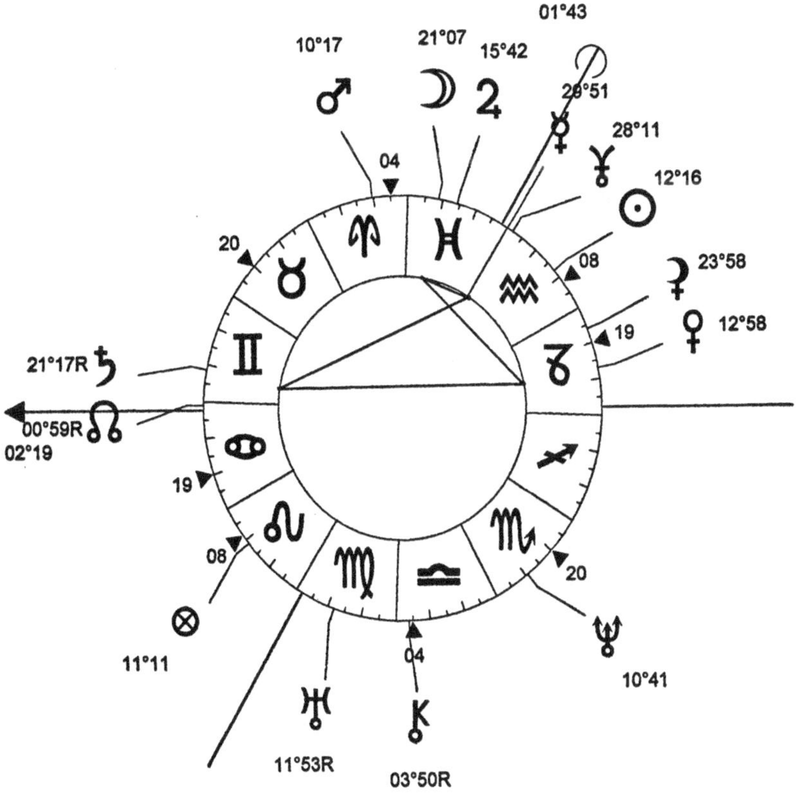

Malgré son génie musical, Schubert resta durant toute sa vie inconnu du public et son œuvre fut peu exécutée de son vivant. Il n'a d'ailleurs guère cherché à sortir de l'obscurité, et pourtant il a laissé une œuvre immense, rarement égalée dans l'histoire de la musique. Il lui arriva fréquemment de composer cinq lieder par jour et même plus. En fait, il n'aura vécu que pour ses créations sans en tirer le moindre profit de reconnaissance sociale ou financière, sans doute parce qu'elle était simplement un exutoire à sa souffrance. Il a ainsi pu dire : « Mes créations musicales sont filles de l'intelligence de ma douleur, et celles que ma douleur a engendrées sont aussi celles qui semblent apporter le plus de plaisir à qui les écoute. »

Si l'on analyse le thème du compositeur sous l'angle habituel, on ne voit guère poindre le génie musical qui l'habitait. La Lune, maîtresse de l'Ascendant en Cancer, se trouve conjointe à Jupiter dans le signe des Poissons, au carré avec Saturne en maison XII et à l'opposition large avec Uranus en pointe de la maison IV. Aucun aspect harmonieux ne vient apporter un certain souffle à cette structure de difficulté qui résume bien la vie de Schubert au quotidien : problème de sevrage particulièrement exacerbé (le carré Lune-Saturne se trouve amplifié par Jupiter) qui le laissa toujours nostalgique, mélancolique, sans défense, nonchalant, mou et passant le plus clair de son temps en rêveries et en vagabondages, se laissant enfin aller à la boisson. Le carré Soleil-Neptune qui barre sa figure thématique le rend chimérique et fuyant ses responsabilités. Les structures principales de son thème ne sont guère brillantes, ce qui explique que sa vie ait été semée d'embûches et de désillusions. Lorsque le thème s'inscrit sous l'égide d'une équation du carré (dans un cadre de planètes de feu ou de tension), l'individu possède alors un sens de la lutte peu commun. Mais dans le thème de Schubert où dominent les éléments aquatiques et les astres de la sensibilité (le Cancer, la Lune amplifiée par Jupiter, Vénus angulaire au Descendant), l'individu est impuissant devant les difficultés et les mauvais aspects finissent par se retourner contre lui. Au lieu de se battre pour vaincre ses démons, il se recroqueville et évite alors le combat. Heureusement, Schubert possédait d'autres armes que celles du *struggle for life* et ne trouva comme remède à ses difficultés que la musique qui allait être l'affaire de sa vie.

Or, le génie musical de Schubert réside précisément dans l'équation de l'angle d'or qui investit très largement son thème. Tout d'abord, il faut signaler la codominante planétaire mercuro-vénusienne, ces deux astres étant angulaires et en affinité avec les angles d'or, lesquels se trouvent puissants et en grand nombre : la Lune, représentante du moi, est précisément située à 21° de Mercure et à 68° de Vénus. Nous voilà donc en présence d'une structure planétaire composée d'angles d'or reliés à des astres importants du thème. Cette configuration octroie à Schubert un immense sens de l'harmonie, de la beauté qu'il saura mettre dans ses œuvres musicales. Évoquons également la présence d'un aspect d'or entre Mercure et Saturne (111° 30'), et encore entre Vénus et Saturne (158°). Si le carré Lune-Jupiter à Saturne est facteur de laisser-aller et de repli dans la vie quotidienne, il devient sur le plan musical un tremplin de boulimie créatrice et d'extrême fécondité, de sensibilité douloureuse qui confère à sa musique sa signature bien particulière. Son pouvoir de création, il le doit au triangle Vénus-Neptune-Uranus composé de deux sextiles – aspect qui, avec le contexte vénusien et uranien, forme les éléments indispensables aux aptitudes créatives. Envisagé à travers ces différentes équations, on comprend mieux le parcours de Schubert avec ses échecs dans la vie quotidienne, matérielle et sociale et, comme une surcompensation à ces faiblesses, son génie musical et ses aptitudes créatrices.

En possession d'une bonne vingtaine de thèmes des plus grands compositeurs, je vais à présent en dresser la liste en signalant pour chacun les facteurs qui composent leur équation d'or respective.

Jean-Sébastien Bach

Né le 31 mars 1685, à Eisenach, en Allemagne (heure inconnue), il est difficile de s'étendre sur son cas. Néanmoins, je remarque d'emblée la présence d'un triangle sublime dans le thème du compositeur, ce qui ne me surprend nullement compte tenu des affinités de sa musique avec les thèmes religieux et métaphysiques. Ce triangle sublime relie Mars (maître du Soleil en Bélier), Uranus et Pluton. Il est d'autant plus puissant qu'il est formé par une planète rapide et deux astres lents. Cette figure étant un proche parent de l'angle d'or, il est bien évident qu'elle prépare le terrain à ce dernier. Les deux angles d'or inscrits dans cette figure possèdent dans ces conditions un poids accru. Il s'agit des aspects Uranus-Vénus (47° 30') et Soleil-Mercure (21°), ce dernier possédant une valeur d'autant plus considérable que ces deux astres sont, au sein du système solaire, régis par ces proportions.

Alban Berg

9 février 1885, 23 heures, Vienne (Autriche). L'Ascendant est en Balance. Mercure et Vénus sont conjoints à 0° du Verseau et angulaires au Fond du ciel. Ils reçoivent deux angles d'or, un de Saturne (137° 30') et un du groupe Soleil-Mars (21° 30').

Pierre Boulez

26 mars 1925, 17 heures, Montbrison. Vénus, angulaire au Descendant, dans son signe d'exaltation, maîtresse du groupe Lune-Mars en Taureau, se trouve précisément à 34° de ce duo et à 68° 30' de Jupiter, son maître.

Johannes Brahms

7 mai 1833, 3 h 30, Hambourg (Allemagne). Mercure est très valorisé: angulaire en pointe de la maison I et conjoint à Jupiter. Plusieurs aspects de l'invisible touchent Mars et Pluton. Ce dernier, angulaire et maître des éléments en Bélier, est en relation d'or avec le Soleil (34° 30'), symbole de vocation. La Lune relie Neptune par un aspect de 34° 30'.

Frédéric Chopin

1er mars 1810, 18 heures, Zelazowa-Wola (Pologne). Vénus est couchée en compagnie du Soleil, et elle se situe à 47° 30' très précisément de Jupiter, son maître. Mercure, maître de l'Ascendant en Vierge et du Milieu du ciel en Gémeaux, est relié à Neptune, angulaire en pointe de la maison IV, par un angle de 68° 30'.

Manuel de Falla

23 novembre 1876, 6 heures, Cadiz (Espagne). En pointe de la maison I, Mercure est conjoint au Soleil et sous l'opposition de Pluton, maître de l'Ascendant. Mars, représentant du moi, s'unit à Vénus, laquelle est à 48° de Jupiter. Uranus culmine et se trouve à 111° 30' de Neptune qui occupe le secteur VI.

Gabriel Fauré

12 mai 1845, 4 heures, Pamier (Ariège). Un trio Soleil-Vénus-Mercure se lève, ce dernier étant à 68° 30' de la Lune en culmination inférieure au Cancer et à 21° de Jupiter. Neptune, conjoint à Saturne, seigneur de la maison X, relie Uranus par un aspect de 42° 30'.

Arthur Honegger

10 mars 1892, 7 heures, Le Havre. Mercure se trouve sur l'Ascendant, conjoint au Soleil et à Jupiter, celui-ci étant situé à 68° 30' du groupe Neptune-Pluton également à 111° 30' de Saturne, angulaire au Descendant et dispositeur du Milieu du ciel.

Vincent d'Indy

Une conjonction Soleil-Mercure qui se couche, maîtresse des maisons I et X, relie le duo Uranus-Pluton.

Nikolaï Rimski-Korsakov

18 mars 1844, 16 h 53, Novgorod (Russie). Mercure est à la fois angulaire, maître des maisons I et X,

conjoint à Jupiter, son maître, et de surcroît à 21° 30' d'Uranus proche du Soleil et maître de la maison VI. Le duo Soleil-Lune est également relié au duo Vénus-Mars par aspects d'or.

Marcel Landowski

Mercure, maître de l'Ascendant, s'unit au groupe Soleil-Jupiter et forme la pointe d'un triangle d'or reliant la Lune et Uranus, lequel est également à 137° 30' de Pluton culminant au Milieu du ciel.

Serge Prokofiev

23 avril 1891, 17 heures, Sontsovka (province d'Ekaterinoslav). Vénus, maître de l'Ascendant en Balance, du Soleil et de Mercure en Taureau, exaltée en Poissons, est en quintile avec le groupe Neptune-Pluton. Jupiter, son maître, en domicile Poissons, se trouve à 132° 30' de la conjonction Lune-Uranus en maison I qui relie Saturne par un angle de 47° 30'.

Maurice Ravel

7 mars 1875, 22 heures, Ciboure. Vénus est angulaire au Fond du ciel, à 34° 30' de Mercure et 47° 30' de la Lune. Saturne, également en pointe de la maison IV, est à 68° 30' de Mars, maître de l'Ascendant en Scorpion. La conjonction Soleil-Lune, sise en Poissons, est le centre d'une série d'aspects d'or.

Camille Saint-Saëns

9 octobre 1835, 6 h 45, Paris. Vénus est angulaire sur l'Ascendant en Balance et conjointe au Soleil. Plusieurs

triangles d'or se dessinent dans le thème : Jupiter-Mars-Uranus, Soleil-Uranus-Pluton.

Pierre Schaeffer

14 août 1910, 16 heures, Nancy. Vénus sort de sa conjonction avec Neptune, maître de la Lune et de l'Ascendant en Sagittaire, lequel envoie un aspect d'or (137° 30') à la Lune en réception mutuelle. Les deux maîtres de la maison X se trouvent distants de 68°.

Arnold Schönberg

13 septembre 1874, 5 h 25, Vienne (Autriche). Une conjonction Soleil-Mercure sur l'Ascendant Vierge relie Saturne en secteur V par un angle de 137° 30'. Vénus, dispositrice de la Lune et de Jupiter en Balance, est séparée de Mars par un angle de 68°, lequel est à 21° du Soleil.

Robert Schumann

8 juin 1810, 21 h 30, Zwickau (Allemagne). Mercure, maître de la Lune en Vierge et de Soleil-Mars en Gémeaux, et Vénus angulaires en maison VII forment les éléments recherchés. Celle-ci se trouve à 21° 30' du Soleil tandis que Mercure relie le maître de l'Ascendant par un aspect de 158° 30'.

Bedrik Smetana

2 mars 1824, Leitomischl (Bohême). Thème non domifié. Conjonction Lune-Pluton à 47° 30' de Saturne. Angle de 111° 30' entre Mars et Vénus.

Karlheinz Stockhausen

22 août 1928, 3 heures, Cologne (Allemagne). Une conjonction Mercure-Soleil-Neptune, maître de l'Ascendant, est à 47° 30' de Pluton qui se lève.

Johann Strauss

25 octobre 1825, 2 heures, Vienne (Autriche). Mercure, maître de Jupiter-Mars-Ascendant, conjoint au Soleil. Jupiter se lève et relie Vénus (21° 30') et Neptune (111° 30').

Igor Stravinski

17 juin 1882, 10 h 25, Saint-Pétersbourg (Russie). Un duo Soleil-Jupiter qui culmine en secteur X relie Mars et Saturne par angle d'or.

Giuseppe Verdi

10 octobre 1813, 20 heures, Roncole (Italie). Une conjonction Vénus-Uranus, maîtresse de la maison X, en VI, se tient à 47° 30' de Saturne.

Richard Wagner

22 mai 1813, lever du Soleil, Leipzig (Allemagne). Le lever d'une conjonction Soleil-Vénus sur l'Ascendant en Taureau arrive à 69° de Pluton. 68° relient également Mars en secteur X et Uranus en VI. Ces deux astres sont de surcroît en réception mutuelle et angulaires avec le Milieu du ciel et le Descendant.

Pour poursuivre ce chapitre sur l'art, j'aimerais proposer un éventail de musiciens, qu'ils soient chefs d'orchestre ou instrumentistes, chanteurs classiques ou de variété. J'ai choisi, pour illustrer mon propos, les plus représentatifs d'entre eux. Comme pour les autres catégories, j'ajouterai, après avoir étudié ces cas, une liste non exhaustive dans laquelle je mentionnerai pour chacun les principaux indices de leur équation personnelle.

Les instrumentistes et chefs d'orchestre

Pablo Casals

C'est le 29 décembre 1876, à 23 heures, qu'il naît à Vendrell en Espagne. Fuyant le régime de Franco, il vient s'établir en France, à Prades, et organise de nombreux festivals de musique. Avec A. Cortot et J. Thibaud, il constitue un trio qui devint très célèbre. Violoncelliste et chef d'orchestre, il participe à la fondation de l'École normale de musique, à Paris. Outre quelques aspects de l'invisible, son thème propose une équation d'or structurée de la manière suivante : Mercure règne sur l'Ascendant, le Milieu du ciel et la Lune, et forme de nombreux aspects dont un angle d'or (34° 30') avec Jupiter, gouverneur de la VI, qui vient de franchir le Fond du ciel. Neptune, son coéquipier, est situé de son côté à 111° 30' d'Uranus.

Pablo Casals

Le 29.12.1876 à 23 heures (0 heure)
Vendrell (Espagne) (41° 13' N, 1° 33' E)

Natal
Placidus

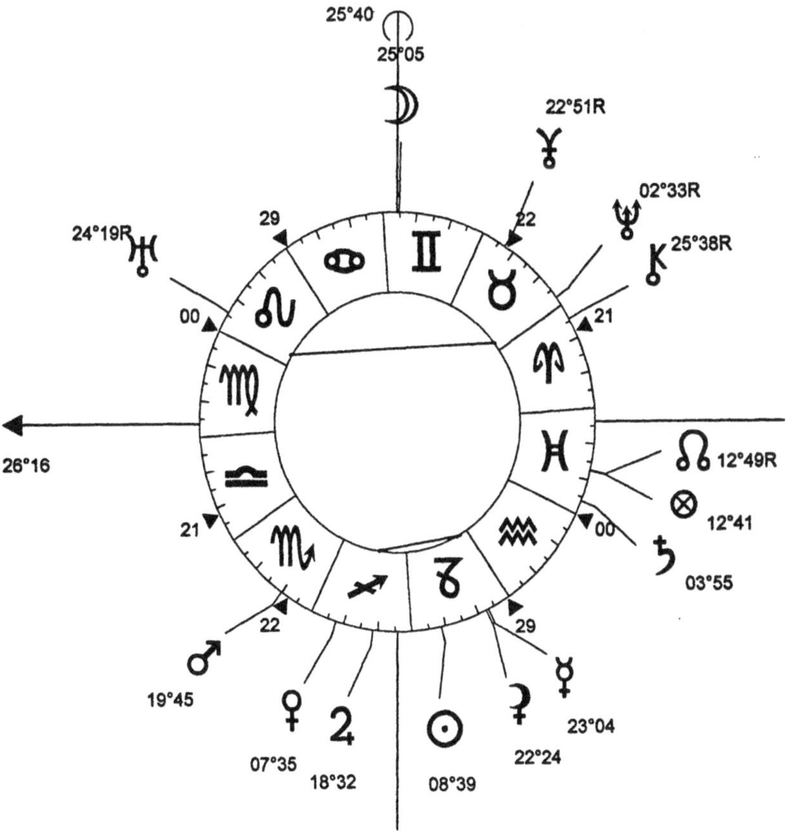

Stéphane Grappelli

Né le 26 janvier 1908, à 7 heures, à Paris, il fut violoniste et pianiste de jazz. C'est son père qui lui fait découvrir la musique en lui offrant un violon. En 1927, abandonnant la musique classique pour le jazz, il se lie avec Django Reinhardt et fonde le Hot-Club de France. Par la suite, il s'engage dans une carrière personnelle qui le conduira à jouer dans le monde entier. L'Ascendant est entouré par Uranus et le Soleil distants de 21°, ce dernier se trouvant à 158° de Neptune, qui vient de se coucher, et à 138° de Pluton, maître du secteur X. La particularité de ce thème vient du fait que c'est le Soleil, pôle de vocation, qui collecte tous les angles d'or, ce qui correspond tout à fait à l'histoire de ce musicien qui découvre sa vocation par l'intermédiaire de son père qui le poussera dans cette voie.

Hélène Grimaud

Celle qui compte actuellement parmi les très grandes pianistes est née le 7 novembre 1969, à 11 h 45, à Aix-en-Provence. Mercure culmine en compagnie de Vénus, cette dernière s'unissant à Jupiter et à la Lune. Ajoutons la présence d'un angle de 42° 30' entre Mercure, maître de la maison VI, en X, et Pluton, maître de la maison X, ces deux astres étant de surcroît en réception mutuelle, et d'un autre de 158° 30' entre la Lune, second régisseur du secteur VI, et Saturne, représentant du moi.

Stéphane Grappelli

Le 26.1.1908 à 7 heures (0 heure)
Paris (France) (48° 52' N, 2° 20' E)

Natal
Placidus

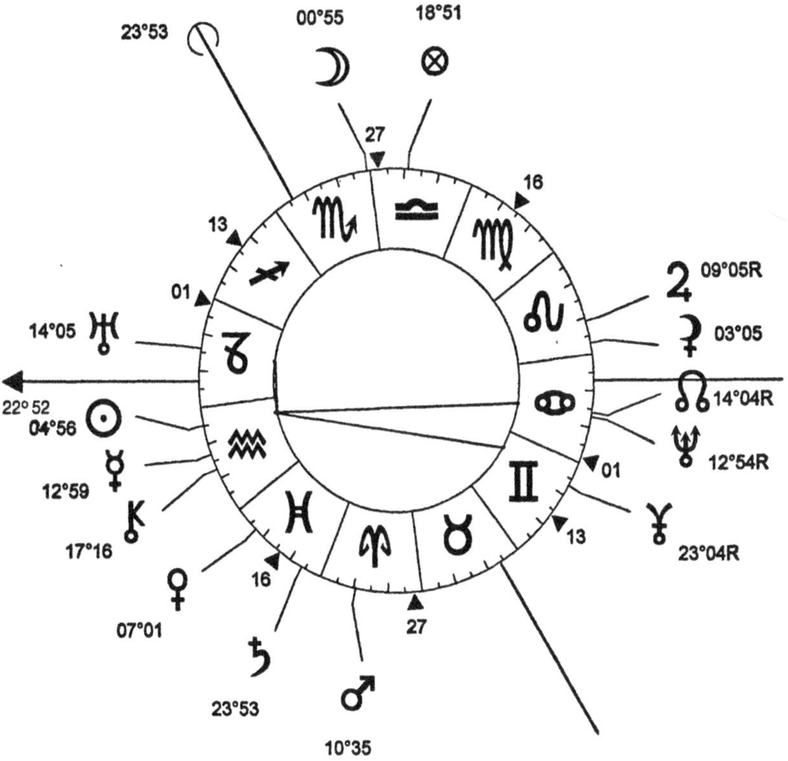

Jeanne Loriod

Interprète des ondes Martenot, instrument de musique électronique inventé par un ingénieur français, elle fut une spécialiste et joua des partitions composées par Messiaen, Jolivet ou Landowski. Elle était née le 13 juillet 1928, à 2 h 30, à Houilles. On voit tout d'abord se dessiner dans ce thème la figure d'un triangle sublime reliant Saturne qui se couche, le Soleil et Jupiter, cette première structure permet de mieux étayer les indices recherchés. Par sa maîtrise sur un amas situé en Taureau et sa conjonction avec le Soleil, Vénus dispose d'une place de choix et se trouve de ce fait sous l'influence de l'angle d'or (68° 30') qui relie le luminaire diurne à Mars, maître du secteur VI. Ce dernier est séparé par Uranus, gouverneur de la maison X, de 34° 30'. Ainsi, les trois astres qui régissent la vocation dans ce thème sont-ils réunis par des aspects d'or.

Jean-Pierre Rampal

Célèbre dans le monde entier depuis près de cinquante ans, ce flûtiste a été applaudi dans de nombreux pays et a enregistré un nombre considérable de disques. Vénus, conjointe au Soleil, maîtresse de Jupiter et de Saturne en Balance, est le foyer sur lequel convergent de nombreux aspects octroyant à cette planète une position dominante au sein du thème. Le Soleil, pôle de vocation et maître du secteur VI, se tient à 69° de Mars. Uranus, maître de l'Ascendant en Verseau, et Neptune, dispositeur de la maison X, sont à 158° 30' l'un de l'autre. Cet aspect prend de l'importance du fait qu'il opère entre deux astres forts et lents.

Jacqueline Brumaire

Le 5.11.1921 à 1 heure (0 heure)
Herblay (France) (49° 00' N, 2° 15' E)

Natal
Placidus

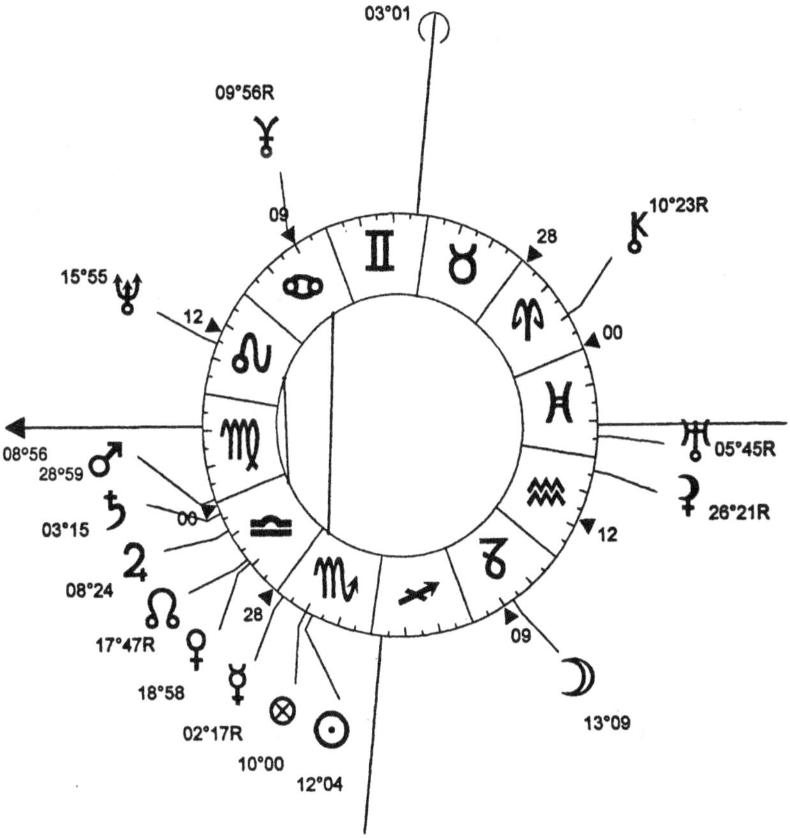

Les chanteurs lyriques

Jacqueline Brumaire

Soprano renommée, elle voit le jour le 5 novembre 1921, à 1 heure, à Herblay, dans le Val d'Oise. À la fois maître des secteurs I et X, Mercure entre en conjonction avec le Soleil et relie Pluton, son maître, situé à 112°. Un angle d'or (47° 30') de génération sépare Saturne, conjoint au maître du Soleil, de Neptune.

Maria Callas

On ignore l'heure de naissance de la grande cantatrice qui naquit à New York le 2 décembre 1923. Ses astralités sont de ce fait incomplètes, mais le thème du jour offre un aperçu de l'équation recherchée : une conjonction Mars-Saturne en Balance qui valorise par conséquent Vénus, un amas planétaire en Sagittaire dont Jupiter et le Soleil, ce dernier se trouvant à 21° de Vénus. Neptune, gouverneur de cet amas, envoie un aspect de 68° 30' au groupe Mars-Saturne.

Michel Dens

Le célèbre baryton est né à Roubaix le 22 juin 1911, à 16 h 30, au moment où Pluton, maître de l'Ascendant en Scorpion et étroitement conjoint au Soleil, se positionne à 47° 30' de Vénus. La Lune, exaltée en Taureau et domiciliée en maison VI, est reliée à Mars, second régisseur du Scorpion, par un angle de 21° 30'. On observe également que le Soleil et le Milieu du ciel, les deux facteurs représentatifs de la réalisation sociale, sont précisément éloignés de 68° 30'

Nathalie Dessay

Célèbre soprano, née le 19 avril 1965, à 17 heures, à Lyon, son thème illustre parfaitement l'équation d'or. Vénus est valorisée par sa maîtrise sur l'Ascendant en Balance, par sa conjonction étroite avec le Soleil, par sa position en Taureau, son sextile au Milieu du ciel et ses angles d'or avec Saturne d'une part (47° 30'), présent en secteur VI, avec la Lune d'autre part (138°), gouverneur de la maison X. Mercure, angulaire en pointe du secteur VII, dispositeur d'un amas en Vierge, est séparé de Jupiter, maître de la maison VI, également par un angle de 47° 30'. Neptune, second maître du secteur VI, est de surcroît positionné à 68° d'Uranus. Ce thème présente ainsi quasiment tous les indices concourant à l'équation attendue : la valorisation des astres rapides tels que Mercure et Vénus, des signes dont ils ont la maîtrise, en l'occurrence le Taureau, la Balance et la Vierge, ainsi que des aspects dominants mettant en cause les planètes fortes du thème et opérant dans les maisons appropriées. Dans le cas de la soprano, seule la maison V susceptible d'être en analogie avec l'angle d'or n'apparaît pas. Peut-être est-ce dû au fait qu'elle n'est pas l'auteur des œuvres qu'elle interprète ?

Luciano Pavarotti

Le plus célèbre des ténors contemporains est né le 12 octobre 1935, à 1 h 40, à Modène, en Italie et son graphique céleste nous permet de découvrir de nombreux indices de l'équation d'or. Vénus, proche de l'Ascendant situé en Lion, dispose d'un Soleil en Balance et

Nathalie Dessay

Le 19.4.1965 à 17 heures (–1 heure)
Lyon (France) (45° 46' N, 4° 49' E)

Natal
Placidus

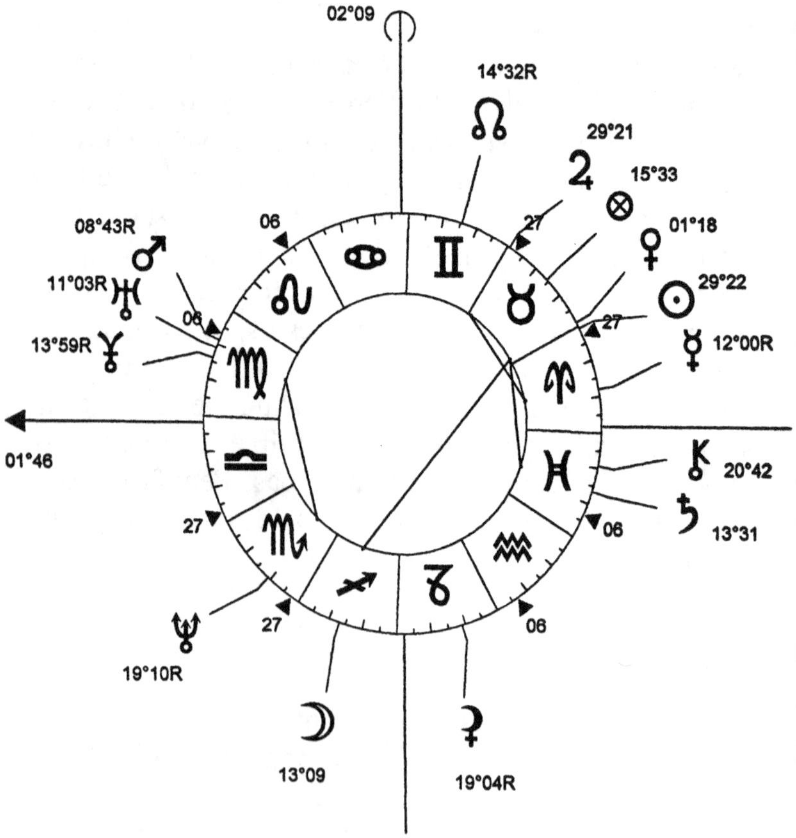

Luciano Pavarotti

Le 12.10.1935 à 1 h 40 (–1 heure),
Modène (Italie) (44° 37' N, 10° 55' E)

Natal
Placidus

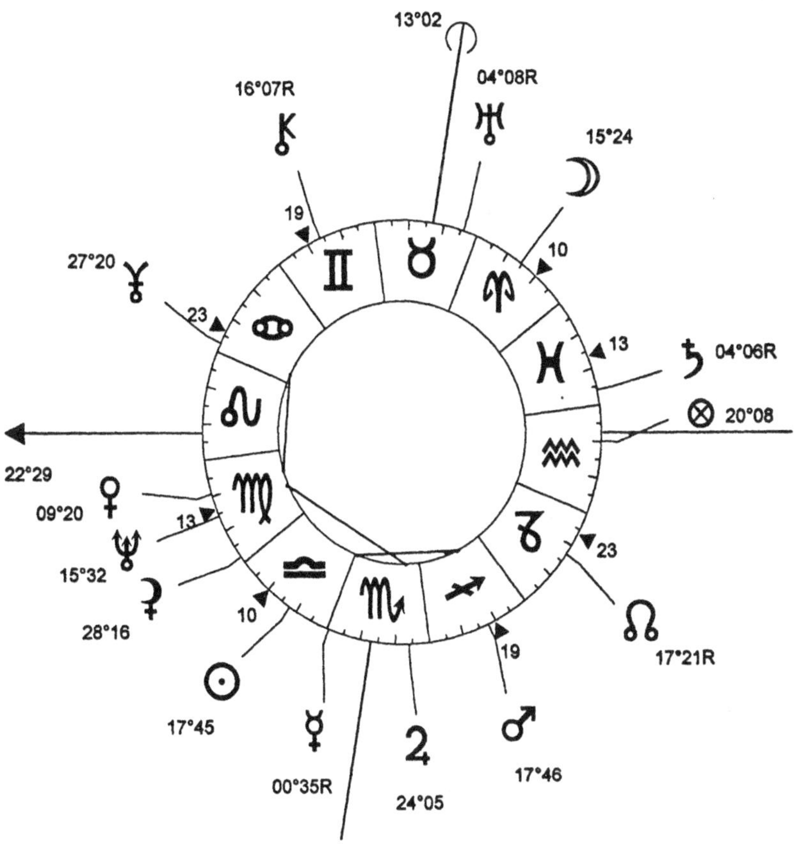

d'un Milieu du ciel en Taureau avec lequel elle forme un trigone. Elle s'identifie à Neptune par conjonction et participe ainsi à l'expression de l'angle d'or que font Jupiter et Neptune (68° 30'), elle-même étant à 42° de Pluton. Mercure, maître de cette conjonction, vient de franchir le nadir et de se mettre à 47° 30' de Mars, son gouverneur, et à 68° de l'Ascendant. Le maître de la maison VII, quant à lui, relie le Milieu du ciel situé à 69° de sa position.

Les chanteurs de variété

Ils n'échappent pas non plus à cette loi de l'équation d'or qui est source d'harmonie, d'équilibre, de beauté ou tout du moins qui incite certaines personnes à s'orienter vers des activités centrées sur des problèmes esthétiques et artistiques où l'harmonie tient un rôle privilégié.

Barbara

Inutile de revenir sur la carrière de cette chanteuse qui composa la plupart de ses titres et qui connut un succès grandissant. On l'appelait la « Dame brune », qualificatif qui lui collait à la peau puisque son thème présente une conjonction Vénus-Pluton dans le signe lunaire du Cancer et sous opposition large de Saturne en Capricorne. Quant à l'équation d'or, elle est cette fois largement représentée : Vénus est maîtresse de l'Ascendant, proche de sa culmination et à 42° 30' de Neptune positionné en secteur X. Gouverneur du duo Soleil-Jupiter situé en Gémeaux ainsi que de Neptune,

Barbara

Le 9.6.1930 à 16 heures (– 1 heure),
Paris (France) (48° 52' N, 2° 20' E)

Natal
Placidus

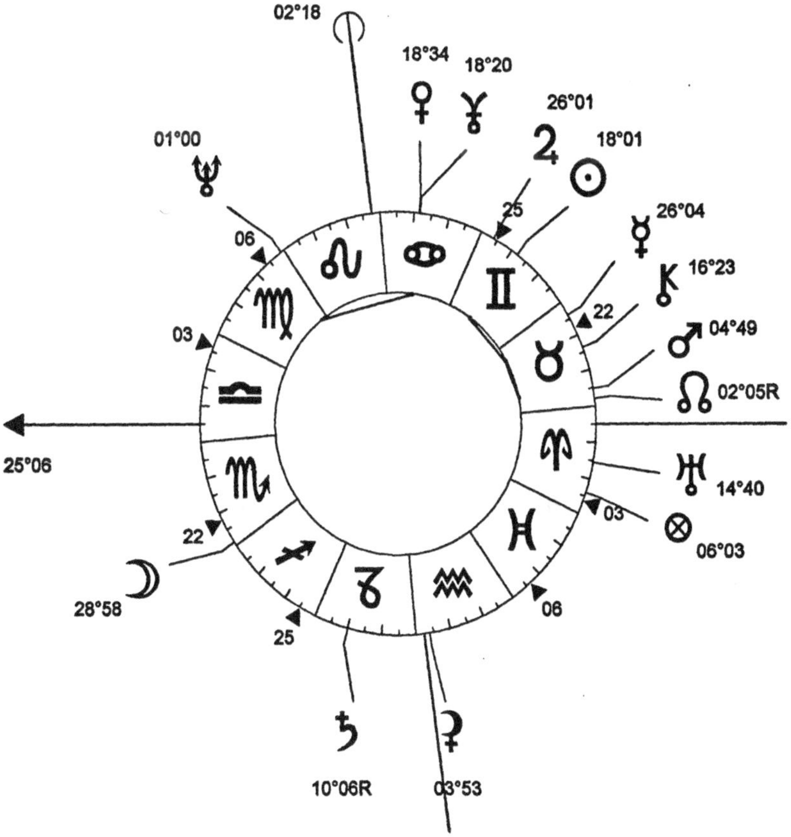

Mercure se trouve à 22° du Soleil, dispositeur du Milieu du ciel, dont il a la maîtrise, et il est également à 21° 30' de Mars qui règne sur le secteur VI. Il ne faudrait pas oublier l'angle d'or qui unit Jupiter à Pluton (22°), deux astres lents et puissants par leur conjonction avec le Soleil et Vénus. Voilà un florilège d'indices qui nous mettent en présence d'une équation d'or tout à fait parlante.

Jacques Brel

Né le 8 avril 1939, à 3 heures, à Bruxelles, le thème de l'auteur du *Plat Pays* présente un Mercure étroitement conjoint à Uranus, maître de l'Ascendant en Verseau, la valorisation d'une conjonction Mars-Pluton (Soleil-Mercure-Uranus en Bélier) en pointe de secteur VI situé à 42° 30' de Neptune, maître de la maison X, et à 111° 30' de la Lune.

Juliette Gréco

Voici le thème d'une autre chanteuse qui marqua toute une génération. Elle naquit le 7 février 1927, à 21 heures, à Montpellier avec une Vénus, maîtresse de l'Ascendant, exaltée en Poissons, en étroite conjonction avec Mercure et Jupiter, tandis que la Lune et Mars occupent le signe du Taureau. Nombreux sont les angles d'or inscrits dans ce ciel, en particulier celui qui unit Mercure, proche du Soleil, à Pluton, présent en secteur X, et à la Lune, dispositrice de ce secteur, celle-ci étant de surcroît à 112° de Neptune, gouverneur de la maison VI.

Jean Ferrat

Sa vocation de chanteur est liée à la poésie puisqu'il fut l'interprète, entre autres, des poèmes d'Aragon. Or, la poésie est précisément un langage musical propre à charmer l'oreille puisqu'elle est essentiellement basée sur le rythme, les rimes et la sonorité des mots. Dans son ouvrage, Gykha consacre un chapitre intitulé « Du rythme à l'incantation » dans lequel il illustre à l'aide de fragments de poèmes la relation très étroite qui existe entre ceux-ci et la divine proportion. J'étudierai ce propos au chapitre suivant en donnant quelques exemples. Jean Ferrat – comme Léo Ferré et d'autres – a donc tenté de réaliser le mariage de la musique et de la poésie ; c'est pourquoi son thème me semble tout à fait propice à l'étude de l'angle d'or.

Né le 26 décembre 1930, à 11 h 30, à Vaucresson, on remarque d'emblée la présence d'un quintile angulaire entre les luminaires (le couple symbolise pour lui l'union mystique de deux âmes qui se rencontrent) et d'un biquintile entre Uranus et Neptune. Le Soleil, angulaire en secteur X, est situé à 137° 30' de Mars présent en secteur VI. Cet aspect possède une grande importance tout du moins pour les secteurs concernés (VI et X). L'angle d'or Vénus-Saturne (48°) doit être également pris en compte puisqu'il met en cause l'astre qui détermine le plus l'accomplissement de cet homme. En effet, Saturne est non seulement conjoint au Soleil, maître de ce dernier ainsi que de Mercure, mais de surcroît il est maître de cette maison X.

Jean Ferrat

Le 26.12.1930 à 11 h 30 (0 heure),
Vaucresson (France) (48° 50' N, 2° 10' E)

Natal
Placidus

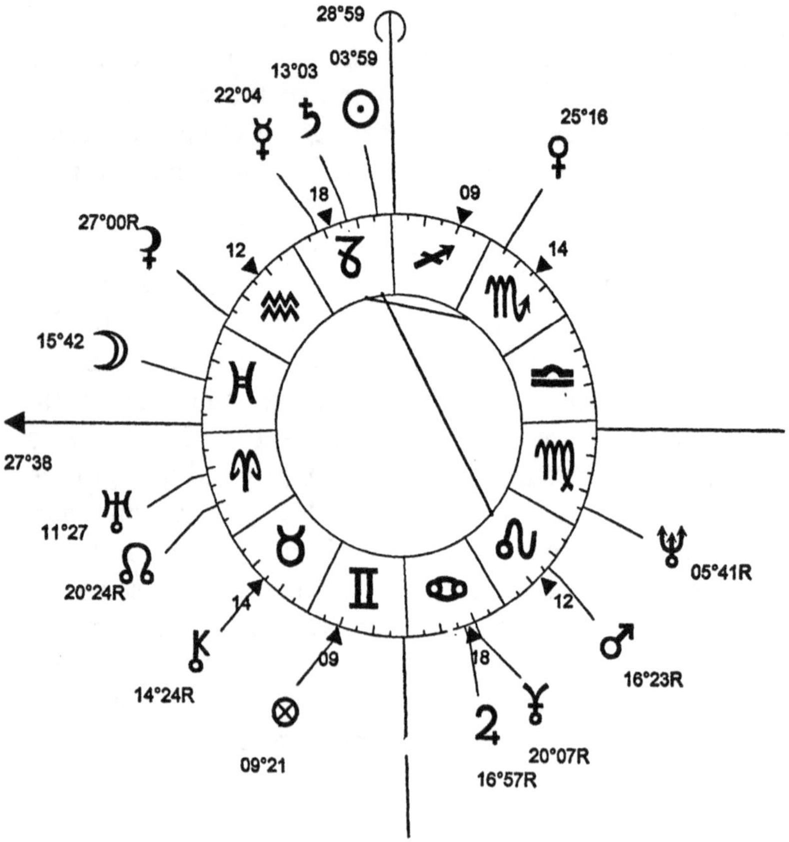

Léo Ferré

À l'instar de Jean Ferrat, et sur un plus vaste registre, il a interprété de nombreux textes des plus grands poètes français : Baudelaire, Rimbaud, Verlaine, Aragon, Apollinaire, etc. Auteur-compositeur, il fut lui-même poète à ses heures et joua avec les mots et les sons. Né le 24 août 1916, à 16 heures, à Monte-Carlo, il est Vierge par le Soleil et Mercure, Capricorne par l'Ascendant. Saturne, son maître, s'identifie par conjonction large avec Vénus et envoie un sextile à un Mercure virginisé. Cette première structure permet de mettre en relief ces deux astres rapides même s'ils ne sont pas les dominantes planétaires du thème. Par la maîtrise qu'elle possède sur la maison X, Vénus a été en quelque sorte la pierre angulaire sur laquelle il a bâti sa carrière. Il reste maintenant à détecter certains angles d'or qui vont me permettre d'établir son orientation musicale et poétique basée sur les principes de l'harmonie. De fait, on en dénombre trois : Jupiter-Mercure (137° 30'), Saturne-Pluton (21° 30') et Saturne-Uranus (158° 30'), trois aspects qui sont de près ou de loin connectés aux maisons VI et X, tout du moins par maîtrise.

Maxime Le Forestier

L'auteur de *San Francisco*, revenu depuis quelque temps sur le devant de la scène, est né le 10 février 1949, à 21 h 3, à Paris, avec un Ascendant dans le signe de la Vierge ce qui valorise la conjonction Mercure-Vénus située en Verseau et en maison V. Un angle d'or majeur (137° 30') relie la Lune, dans son

Maxime Le Forestier

Le 10.2.1949 à 21 h 3 (–1 heure),
Paris (France) (48° 52' N, 2° 20' E)

Natal
Placidus

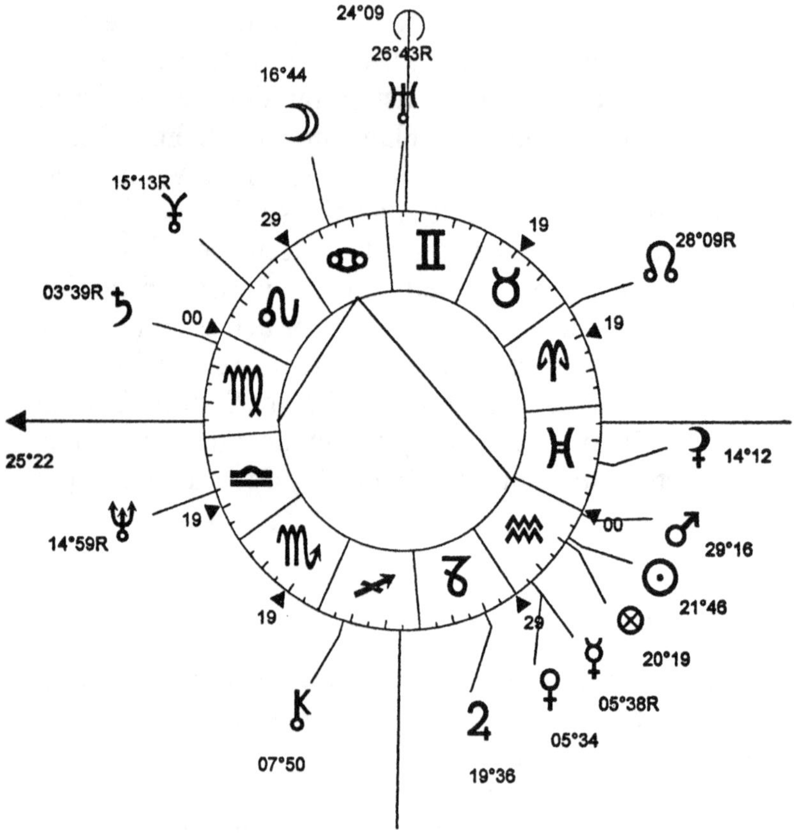

domicile, qui culmine en secteur X et Mars, conjoint au Soleil, qui entre en maison VI. De plus, au moment où le chanteur voit le jour, le luminaire nocturne se trouve à 68° 30' de l'Ascendant, angle que l'on peut prendre en considération étant donné la précision de l'heure de naissance.

Paul McCartney

La naissance de l'ex-Beatles survint le 18 juin 1942, à 14 heures, à Liverpool, avec un Soleil en culmination supérieure, à proximité de Mercure, maître de l'Ascendant en Vierge, conjoint à Jupiter exalté en Cancer, et dispositeur de la maison VI. Un angle d'or de 21° 30' sépare le luminaire de Saturne, ce dernier étant à 111° 30' de Neptune, second maître de la maison VI, et mis en relief par son lever. Ajoutons que Jupiter le relie par un angle de 85°.

Édith Piaf

Le thème de Piaf ne semble guère se prêter à l'équation d'or si on ne l'étudie pas dans le détail. Toutefois, on constate que Mercure, sans être extrêmement puissant, focalise certaines maîtrises et certains aspects : la Lune est en Gémeaux, le Milieu du ciel en Vierge, il est étroitement conjoint au Soleil, sous opposition de Pluton et trigone à Mars, les deux gouverneurs de l'Ascendant. Mais ce qu'il faut relever, c'est qu'il est surtout maître de la maison X (la vocation) et conjoint au Soleil (symbole de réalisation sociale). Il est donc doublement concerné par la carrière de cette femme. De plus, il se trouve à 21° 30' – aspect dont, à tort, on ne tient généralement pas compte – de Vénus qui est à la fois (second) gouverneur des maisons X et VI. Dans ces conditions, cet angle d'or qui échappe presque à l'attention devint le levier de la carrière de cette chanteuse et fit d'elle une des vedettes les plus admirées du XXe siècle. Il faut signaler à cet égard que cet angle d'or est construit avec les deux astres qui sont le plus en analogie avec lui ; et c'est sans doute la raison pour laquelle cette artiste fut si considérée sur le plan musical.

Catherine Sauvage

Elle a interprété les auteurs les plus prestigieux et incarné l'âge d'or de la Rive gauche. Son thème érigé pour le 29 mai 1929, à 1 heure, à Nancy, présente un Mercure dans son domicile, maître du Soleil et angulaire en pointe du secteur IV. Uranus, régisseur de l'Ascendant, en Verseau, et Neptune, dispositeur du Milieu du ciel, forment un angle d'or (138°) qui, dans ce cas, passe au rang d'un aspect de génération valorisé, expliquant ainsi le rôle joué par cette chanteuse. Mars et Pluton, situés entre la maison V et la maison VI, sont à 21° 30' l'un de l'autre.

11

Le monde des beaux-arts

Les peintres

Au cours des siècles, de nombreux peintres ont utilisé les proportions du nombre d'or dans la composition de leurs tableaux. Certains y eurent recours sciemment car ils connaissaient la valeur esthétique attribuée à cette proportion, d'autres l'utilisèrent instinctivement, sans doute parce qu'ils considéraient cette dimension géométrique comme particulièrement harmonieuse sans en connaître cependant les ressorts cachés.

William Blake

Il fut tout à la fois poète, peintre et graveur, trois activités qui possèdent des affinités avec les angles d'or puisqu'elles prennent leur source dans le rythme et l'harmonie. Il fut d'abord apprenti auprès du graveur James Bazire, puis du sculpteur John Flaxman. Il étudia l'art grec, Raphaël et Dürer. 1883 fut l'année de la parution de son premier volume de vers de carac-

William Blake

Le 28.11.1757 à 19 h 30 (0 heure)
Londres (Grande-Bretagne) (51° 32' N, 0° 00' 24" E)

Natal
Placidus

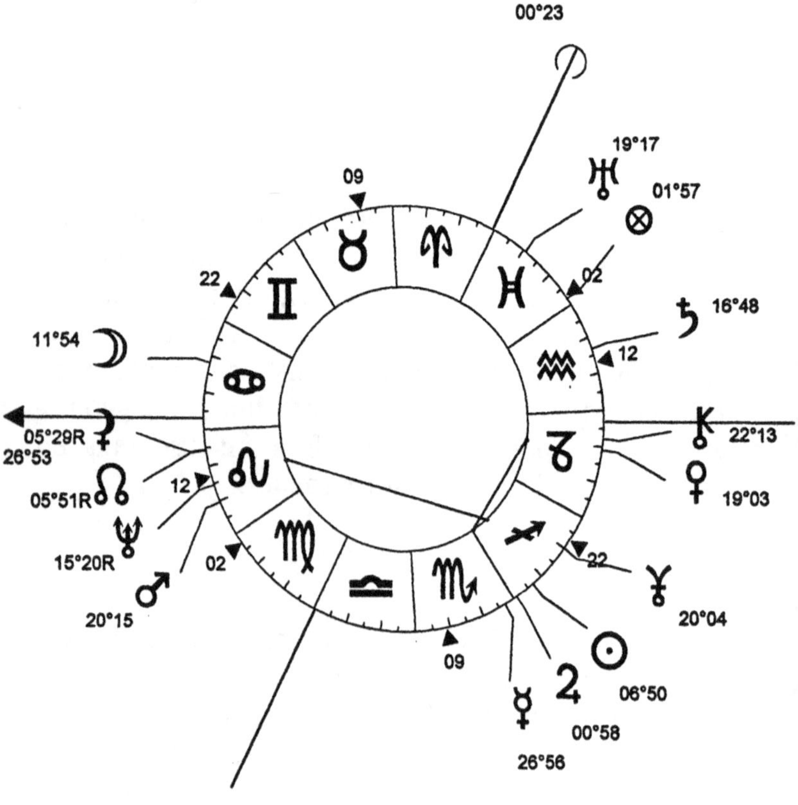

tère visionnaire. Inventeur d'un procédé original de gravure, il illustra ainsi la plupart de ses recueils qu'il terminait par des touches d'aquarelle. Doté d'un idéal révolutionnaire qui le poussait à haïr la morale chrétienne, mais cependant inspiré par certains grands mystiques comme Swedenborg, il proclama la supériorité de l'imagination poétique et le pouvoir de l'énergie créatrice comme retour au divin chez l'homme.

L'artiste est né à Londres le 28 novembre 1757, à 19 h 30, alors que la Lune, maîtresse de l'Ascendant en Cancer, se lève, évoquant ainsi le pouvoir d'inspiration qui animait cet artiste. La conjonction Soleil-Jupiter du Sagittaire en secteur V montre bien l'importance que Blake attachait à la création. Avec une conjonction Soleil-Pluton large carré à Uranus en maison IX, voilà l'être révolté contre les dogmes chrétiens. L'apport de plusieurs aspects de l'invisible (tridéciles Jupiter-Uranus et Soleil-Mars, biquintile Lune-Saturne), va lui permettre de se forger une cosmogonie en rapport avec ses mythes personnels. Quant à sa vocation artistique, qui se déploie dans plusieurs directions (conjonction Soleil-Mercure-Jupiter en secteur V et en Sagittaire), elle est due à l'équation d'or inscrite dans son thème. Signalons tout d'abord l'angularité d'une Vénus, planète susceptible d'accorder des tendances artistiques. Jupiter, présent en secteur V, valorisé par sa conjonction avec le Soleil et Mercure et sa présence dans le neuvième signe, de surcroît maître des maisons X et VI, est relié à Vénus par un angle de 48°. Le Soleil, significateur de l'idéal et de la vocation, est également situé à 111° 30' de Neptune.

Albrecht Dürer

Le 21.5.1471 (heure inconnue),
Nuremberg (Allemagne) (49° 27' N, 11° 00' 20" E)

Natal

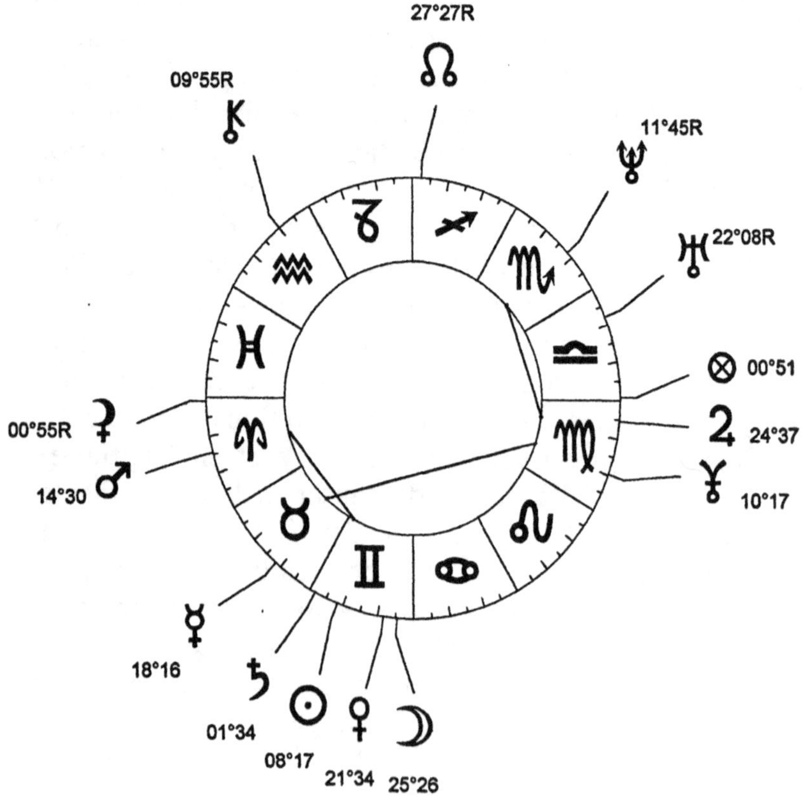

Albrecht Dürer

Peintre et graveur, il voit le jour le 21 mai 1471 à Nuremberg. C'est lors d'un voyage en Italie en 1494 qu'il est pour la première fois en contact avec l'art vénitien de la première Renaissance. À partir de 1500, il se met à l'étude des proportions de l'homme et du cheval. À cette période, ses tableaux et ses gravures subissent l'influence de Léonard. Par la suite, lors d'un ultime séjour en Italie, il acquerra une connaissance approfondie des idées de Piero della Francesca et de Léonard de Vinci. À la fin de sa vie, il écrit plusieurs traités influencés par les expériences de l'Italie de la Renaissance, notamment les quatre livres des proportions humaines. En ce qui concerne la perspective, il semble qu'il ait eu pour maître Luca Pacioli ou Bramante. L'étude d'Élisa Maillard sur l'œuvre de Dürer[1] montre clairement qu'il avait connaissance de la section d'or et qu'il en usa largement. Son thème, bien que non domifié, présente certains angles d'or certainement valorisés compte tenu des astres qui les sous-tendent. 112° séparent Pluton de Mercure, ce dernier étant dispositeur de six astres (Soleil-Lune-Vénus-Saturne en Gémeaux et Jupiter-Pluton en Vierge). Saturne, puissant par sa conjonction avec le Soleil, se tient à un peu plus de 47° de Mars situé dans son domicile Bélier. Un autre angle d'or relie Jupiter et Neptune. Le contexte très mercurisé complète cette équation qu'il n'est cependant pas possible d'apprécier à sa juste valeur.

---

1. Élisa Maillard, *Les Cahiers du nombre d'or*, I : « A. Dürer », Picard, 1960.

Auguste Renoir

Le 25.2.1841 à 6 heures (0 heure),
Paris (France) (48° 52' N, 2° 20' E)

Natal
Placidus

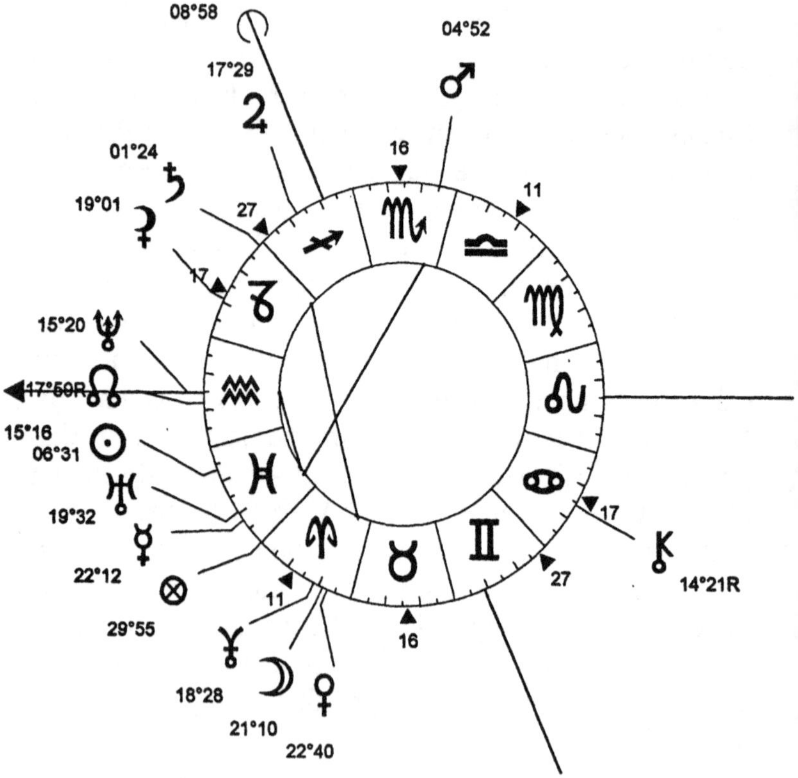

Auguste Renoir

Impressionniste, Renoir le fut plus que tout autre peintre et c'est même lui qui contribua à la formation de ce courant. Il faut dire qu'avec un Neptune angulaire sur l'Ascendant en Verseau en réception d'un Uranus en Poissons, il ne pouvait qu'adhérer à un mouvement qui se proposait de traduire par petites touches les impressions éphémères de la lumière ou les reflets dans l'eau. Après avoir apporté sa contribution au mouvement impressionniste pendant un certain temps, il s'en éloigna progressivement après un voyage en Italie, où il fut particulièrement sensible à la peinture de Raphaël. Son art devint alors plus sec et plus structuré, et l'on retrouve en cela la griffe du Verseau (Ascendant) et d'Uranus. Par la suite, il revint à une peinture plus souple et fondue où il put exprimer son lyrisme et sa sensualité. Comme tous les grands peintres, Auguste Renoir (né le 25 février 1841, à 6 heures, à Limoges) possède dans son thème une équation d'or importante qui se traduit de la manière suivante : Uranus, maître de l'Ascendant Verseau, s'identifie à Mercure, lequel se trouve à 137° 30' de Mars. Un angle de 34° 30' relie Uranus et Neptune qui ont chacun, pour des raisons différentes, un certain poids dans le thème. Quant à Vénus, elle est reliée à Saturne (111° 30') par angle d'or également.

Léonard de Vinci

S'il est un thème dans lequel on doit retrouver la présence d'angles d'or, c'est bien dans celui de Léonard de Vinci qui, outre ses activités d'inventeur,

Léonard de Vinci

Le 14.4.1452 à 22 heures (0 heure),
Florence (Italie) (43° 16' N, 11° 15' E)

Natal
Placidus

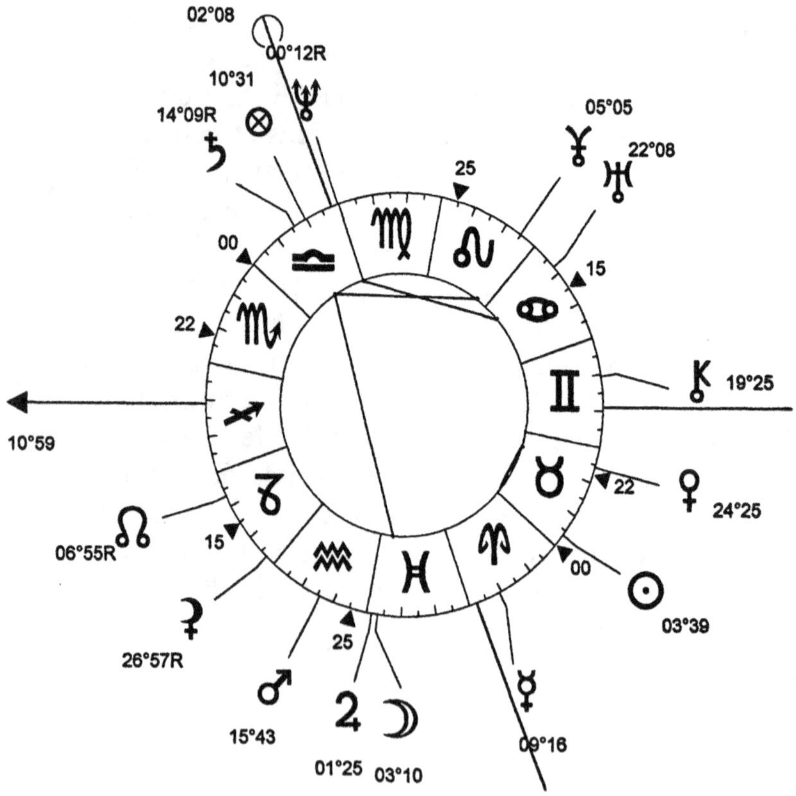

fut l'un des plus grands peintres de la Renaissance. Dès 1490, il écrivit son *Traité de la peinture* qui est une profonde réflexion théorique sur divers problèmes picturaux. Il fut également un grand technicien et ingénieur, ce qui lui permit d'avoir une conception de la nature dérivant de la théorie des éléments et de l'analogie entre microcosme et macrocosme. Il fut également avec Luca Pacioli l'un des transmetteurs de l'héritage légué par les pythagoriciens sur cette proportion harmonieuse.

Il naquit le 24 avril 1452, au Château de Vinci, près de Florence, à 22 heures. Il est Taureau par son signe solaire et Sagittaire par son Ascendant. Les deux maîtres de ce signe reçoivent des angles d'or qui, de ce fait, s'avèrent très valorisés. Jupiter, en domicile Poissons et conjoint à la Lune, vient se relier à Saturne, angulaire au Milieu du ciel par un angle de 137° 30'. Cet astre se trouve lui-même à 69° de Pluton. Ces aspects sont d'autant plus importants qu'ils se forment entre des corps célestes valorisés et de surcroît lents, le luminaire nocturne participant à ces configurations qu'il met en relief. Neptune, second maître de l'Ascendant ainsi que de la conjonction Lune-Jupiter, culmine à 4° d'orbe du Milieu du ciel et à 68° d'Uranus. N'oublions pas de mentionner la puissance d'un Mercure en culmination inférieure et d'une Vénus dans son domicile et dispositrice du Soleil dont elle est séparée par un angle de 21°. Tous ces facteurs nous mettent en présence d'une équation d'or hautement valorisée par des aspects entre planètes lentes, ce qui lui confère une très grande dimension et fait de Léonard de Vinci un homme qui a laissé un sillage important sur le plan artistique. Si l'on ne tenait pas compte de ces aspects, je ne vois guère lesquels auraient bien pu faire de lui ce génie des arts.

L'autre face, celle du précurseur, qui fut à l'origine de nombreuses inventions, s'explique sur le plan astrologique par une équation du vigintile (angle de 18°) puissamment ancrée dans son graphique céleste. Bien que cette configuration ne soit pas le propos de cet ouvrage, je souhaite faire une parenthèse à seule fin de montrer les éléments qui firent de lui un inventeur hors du commun. Cette équation s'articule autour du duo planétaire Uranus-Neptune et les aspects issus du nombre 20 (18°, 54°, 126°, 162°), puisque la récurrence du cycle de ces deux astres est précisément de 18°, qui correspond à l'écart angulaire du vigintile, les trois autres étant des dérivés de l'aspect fondateur. Cette configuration se trouve être très présente chez Vinci dans la mesure où Neptune, un des deux astres susnommés, culmine au Milieu du ciel alors même qu'il possède des maîtrises sur l'Ascendant en Sagittaire et sur le groupe Lune-Jupiter des Poissons. Cet astre se trouve donc en position de force.

Par ailleurs la Lune, puissante par sa conjonction à Jupiter, reçoit un vigintile de Mars. On sait que le luminaire nocturne est facteur d'imagination, lequel est particulièrement puissant chez Léonard puisqu'il est conjoint à Jupiter, son maître, et de surcroît présent en Poissons, signe d'universalité. Avec le vigintile que la Lune reçoit de Mars, elle possède, outre cette faculté, celle d'innover, d'ouvrir des voies jusqu'alors inexplorées. Mercure, astre également important, reçoit lui aussi un trivigintile (54°) de Mars, son maître, qui intensifie son sens de la découverte. Enfin Vénus et Neptune sont séparés par 126°, autre aspect dérivé du vigintile. Tous ces éléments nous permettent de prendre en compte cette équation dans le thème de ce génie éclectique et expliquent sa dimension de grand précurseur à la fois sur le plan artistique et technique.

Vincent Van Gogh

Pendant longtemps à la recherche d'une vocation, il fut d'abord employé dans une galerie d'art à La Haye, puis à Londres et enfin à Paris. Mais il traversa une crise de mysticisme et ne put continuer dans cette voie. Il se tourna alors vers Dieu et obtint par la suite une mission évangéliste chez les mineurs du borinage. Vouant désormais sa vie à cette tâche, il ne fut malheureusement pas récompensé de ses peines et dut rentrer chez lui après un échec douloureux. Ne sachant désormais que faire, et après une période difficile où il se cherchait, il se découvrit soudain une passion pour le dessin et la peinture et se mit à travailler avec acharnement. Il venait enfin de trouver sa vocation qui ne le quittera plus et à laquelle il s'attachera comme un forcené, aidé en cela par son frère Théo qui ne cessera de lui marquer sa confiance et de l'aider matériellement.

Avec un Soleil en Bélier et une conjonction Vénus-Mars culminante au Milieu du ciel, Van Gogh (né le 30 mars 1853, à 11 heures, à Groot-Zundert, aux Pays-Bas) est l'homme passionné par excellence. La Lune, maîtresse de l'Ascendant situé en Cancer, est de surcroît conjointe à Jupiter dans son domicile, le Sagittaire. Avec cette configuration, Van Gogh voit grand et son idéal est extrêmement élevé. Mais l'on remarque que la très passionnelle conjonction Vénus-Mars, présente en secteur X, reçoit un carré de ce duo. Il existe donc bien une difficulté à vaincre pour Van Gogh en ce qui concerne la réalisation professionnelle, ces dissonances s'effectuant entre le secteur VI et le secteur X. Le peintre d'Auvers-sur-Oise aura beaucoup de mal à trouver sa vocation. Mais une fois entré en peinture comme on entre en religion, l'œuvre s'élaborera avec une intensité et une force sans précédent. L'équation d'or se trouve inscrite en ce thème d'abord planétairement avec la présence de Vénus, en exaltation, conjointe à Mars, culminante et carrée au groupe maître de l'Ascendant. Elle est de surcroît à 47° 30' de Saturne. Par ailleurs, les deux maîtres du Bélier, son signe solaire, sont reliés par un angle de 34° 30'. Le Soleil, principal agent de la vocation et présent en secteur X, est à 21° de Pluton. Ainsi les trois astres qui occupent le secteur X, dont Mars qui en a la maîtrise, sont le foyer sur lequel convergent plusieurs aspects de ce type.

Ayant collecté environ une trentaine de thèmes de peintres parmi les plus célèbres, je vais à présent donner les principales configurations de ceux que je n'ai pas étudiés ci-dessus. Le lecteur pourra constater qu'à des degrés divers, tous possèdent l'équation d'or valorisée.

Eugène Boudin

C'est le 12 juillet 1824, à 5 heures, à Honfleur, que le peintre voit le jour sous une dominante jupitérienne. L'astre est angulaire en pointe du secteur I, il colore la conjonction Soleil-Vénus et s'oppose à la Lune, dispositrice de l'amas en Cancer. Un seul angle d'or s'inscrit dans ce thème, mais il est de taille puisque, partant de Jupiter, il relie Saturne, ces deux astres étant maîtres du secteur VI.

Georges Braque

Mercure et Vénus dominent le thème de l'artiste né le 13 mai 1882, à 21 heures, à Argenteuil puisqu'ils sont angulaires en maison VII et qu'ils ont tous deux de nombreuses maîtrises. Le Soleil, astre de la vocation et présent en secteur V, forme une conjonction à 5° d'orbe avec Pluton et relie par angle d'or Uranus (111° 30') et Mars (69°).

Paul Cézanne

À la naissance de Cézanne (né le 19 janvier 1839, à 1 heure, à Aix-en-Provence), la conjonction Vénus-Neptune vient de se coucher et forme un triangle d'or avec Mercure et Uranus distants chacun de 34° 30'. Maître de l'Ascendant en Scorpion, Mars relie de surcroît Saturne par un angle de 68°.

Camille Corot

Le 16 juillet 1796, à 1 h 30, à Paris, naissait ce peintre de la nature avec une culmination inférieure de Vénus et une angularité de la Lune, maîtresse de Soleil-Mercure en Cancer, située à 34° 30' de Neptune, maître de la maison X en VI. Cet aspect dépeint bien le talent de Corot qui « se montra attentif à évoquer l'atmosphère humide, brumeuse, la lumière diffuse, argentée ou rosée, de l'aurore ou du crépuscule au moyen d'une petite touche claire et vibrante de valeurs modulées avec une grande subtilité[1] ».

---

1. Le Petit Robert, *Dictionnaire universel des noms propres.*

Gustave Courbet

Mercure se lève à sa naissance survenue le 10 juin 1819, à 3 heures, à Ornans. Vénus, maîtresse de l'Ascendant en Taureau et des astres positionnés dans ce signe, reçoit un angle d'or (47° 30') de Saturne. Le Soleil, pôle de vocation, se place à 47° 30' de Mars. En culmination supérieure, Jupiter vient se relier à la Lune par un aspect de 34° 30'.

Edgar Degas

C'est le 19 juillet 1834 à 20 h 30, à Paris, que le peintre voit le jour alors que Mercure se couche sous opposition d'Uranus, maître de l'Ascendant en Verseau, en secteur I, et à 47° 30' de Pluton. Le Soleil fait un double angle d'or : à Mercure (21° 30') ainsi qu'à Vénus (34°), laquelle se relie à Pluton par un angle de 137° 30'.

Raoul Dufy

Une codominante Mercure-Vénus-Saturne se dessine dans le thème du peintre érigé pour le 3 juin 1877, à 7 heures, au Havre. Mars et Neptune, les deux maîtres du secteur X, sont réunis par un angle de 68° 30'. Le premier l'est également avec Saturne (21° 30'). Le Soleil, proche de Vénus, aspecte de surcroît Uranus (68° 30').

Paul Gauguin

C'est le 7 juin 1848, à 10 heures, à Paris, que survient la naissance de ce peintre dont le thème présente une

Vénus en culmination supérieure en même temps que dispositrice du Milieu du ciel, située à 47° 30' de Jupiter, lequel est uni par un angle de 34° 30' au Soleil également présent en secteur X. Mercure, maître des astres en Gémeaux, également sans doute de l'Ascendant, se trouve à 69° de Pluton.

Édouard Manet

Vénus-Jupiter est l'un des angles d'or que l'on trouve inscrits dans le thème de ce précurseur qui scandalisa son époque. À sa naissance survenue le 23 janvier 1832, à 19 heures, à Paris, le signe du Verseau se trouvait particulièrement occupé, notamment par le Soleil positionné à 138° de Saturne en secteur I, et à 21° de Mercure en secteur V.

Henri Matisse

De nombreux angles d'or ainsi que le coucher de Vénus marquent le thème du peintre dont la naissance survint le 31 décembre 1869, à 20 heures, dans le Nord. À signaler l'importance d'un secteur V dont le Soleil possède la maîtrise symbolique et nous oriente sur le problème de la création. Avec les angles d'or, cette création prend alors une tournure artistique.

Michel-Ange

Une équation du quintile se dessine dans ce thème (6 mars 1475, 2 heures, Caprese, Toscane) dans le cadre d'une codominante Saturne-Neptune. Proche parente de l'équation d'or, elle la renforce dans son action.

Dans ces conditions, la culmination inférieure de Vénus ainsi que la présence de trois angles d'or, Mercure-Pluton (159°), Mercure-Saturne (138°) et Soleil-Lune (21°), forment la trame et l'essence artistique de ce géant des arts.

Amedeo Modigliani

Peintre maudit, alcoolique et toxicomane, il mourra à trente-six ans de la tuberculose. Il a cependant laissé une œuvre importante et originale où prévalent des formes étirées et des expressions mélancoliques. Assez nombreux sont les angles d'or (un triangle relie Mercure, maître de l'Ascendant et du Milieu du ciel, à Jupiter et Pluton). Vénus est valorisée par sa conjonction avec le maître de l'Ascendant et au Soleil.

Claude Monet

Son heure de naissance n'étant pas connue, on ne peut que noter la présence de plusieurs angles d'or touchant Jupiter, Neptune et Pluton, les trois maîtres du Scorpion et du Sagittaire, signes apparemment les plus valorisés du thème.

Berthe Morisot

L'équation se trouve largement inscrite à la naissance de ce peintre survenue le 14 janvier 1841, à 15 heures, à Bourges Mercure et Vénus sont tous deux angulaires et en aspect d'or avec Neptune pour la première et Saturne et Pluton pour la seconde, le secteur V étant occupé par une conjonction Lune-Mars.

Pablo Picasso

Le 25 octobre 1881, a 23 h 15, à Malaga, naît Pablo Picasso, futur géant de la peinture. Le Soleil, maître d'un Ascendant en Lion, est à son minuit. C'est sûrement l'astre le plus puissant. Il est relié à Mercure par un angle de 21° 30'. Mars ainsi que Pluton, tous deux régisseurs de la maison X, sont en aspect d'or. Vénus, maîtresse d'un amas en Taureau et située dans son domicile en Balance, ne reçoit que de bons aspects, signant ainsi avec l'appoint des angles d'or une vocation vénusienne exemplaire.

Raphaël

Il naquit le 27 mars 1483, trois heures après le coucher du soleil. Fortement marqué par le Scorpion, le Bélier ainsi que par Saturne, on relève tout d'abord la présence d'une équation de l'invisible soulignée par le quintile Uranus-Pluton. Un triangle d'or se forme entre Jupiter, Neptune et Saturne qui en est la pointe. Les luminaires, eux aussi, sont distants de 137° 30' tandis que le secteur V se trouve occupé par les astres rapides. Raphaël possède une des plus belles équations d'or qui émaillent cette liste d'artistes. Il assimila d'ailleurs parfaitement les découvertes de Léonard. « Toutes ses œuvres proposent une sorte d'expression parfaite de la beauté féminine qui débarrassa de toute trace de mièvrerie les visages doux et ovales du Pérugin[1]. »

1. Le Petit Robert, *Dictionnaire universel des noms propres.*

Le douanier Rousseau

L'équation d'or d'Henri Rousseau, né le 20 mai 1844, à 1 heure, à Laval, peut se résumer ainsi : Mercure, maître d'une conjonction Lune-Mars aux Gémeaux, vient de se coucher et relie Pluton par un angle de 47° 30'. Vénus, maîtresse d'un Soleil en Taureau et positionnée en secteur V, est séparée de Mars, en sa culmination inférieure, par un aspect de 21° 30' tandis que Neptune situé à 34° de Jupiter, dans son domicile des Poissons et conjoint à Uranus, maître de l'Ascendant, se lève.

Georges Seurat

Lorsqu'il naît le 2 décembre 1859, à 1 heure, à Paris, Mercure et Vénus sont en conjonction au Fond du ciel tandis que Neptune, dans son premier domicile et dispositeur de l'amas en Sagittaire, vient de se coucher et se tient à 21° 30' de la Lune, maîtresse de la maison X, en pointe du secteur VI, cette dernière se trouvant à 68° de Vénus. Un aspect de 137° 30' relie Mars à Uranus.

Paul Signac

Le peintre vient au monde le 11 novembre 1863, à 15 heures, à Paris alors que Vénus, en domicile, franchit le Descendant et envoie un aspect de 47° 30' à la Lune. Mars, puissant par maîtrise, se tient à 21° 30' de Saturne encore angulaire et dispositeur du Milieu du ciel.

Henri de Toulouse-Lautrec

Avec un Jupiter qui colore l'amas en Sagittaire et un Pluton qui se couche, nous voilà en présence des co-dominantes du peintre (né le 24 novembre 1864, à 6 heures, à Albi) en compagnie de Mercure, maître du Milieu du ciel. Dispositeur de l'Ascendant, Mars intercepte un angle de 111° 30' de la Lune, laquelle se trouve à 21° 30' de Saturne, tandis que Jupiter se relie à Uranus par l'intermédiaire d'un angle de 158° 30'.

Johannes Vermeer

Nous n'avons pas d'heure de naissance connue pour ce peintre né le 31 octobre 1632, à Delft (Hollande). Remarquons juste que Mars, maître de l'amas en Scorpion, envoie un aspect de 68° 30' à Uranus. De son côté, Vénus se met à 21° 30' de Neptune.

Les sculpteurs et les architectes

Ces deux catégories artistiques entrent également dans mon propos car l'on n'ignore pas que les architectes de l'Antiquité furent les premiers à employer le nombre d'or pour édifier les temples et les pyramides : les Égyptiens d'abord, qui découvrirent cette proportion et l'utilisèrent ensuite pour ériger leurs plus prestigieux édifices, Khéops notamment qu'ils ont voulu élever à la gloire du nombre d'or[1] ; la civilisation grecque ensuite avec Pythagore qui alla s'initier chez

1. Dom Néroman, *Le Nombre d'or*, *op. cit*

les prêtres égyptiens puis, plus tard avec Hérodote qui rapporta certains enseignements sur la Grande Pyramide. L'édifice le plus exemplaire construit par les Grecs d'après les canons du nombre d'or est certainement le Parthénon, dont les plans furent tracés par Phidias, chargé au milieu du Vᵉ siècle avant J.-C. de l'embellissement d'Athènes. On retrouve également dans l'architecture gothique la transmission de ces connaissances que les confréries des Compagnons, dont l'emblème était le pentagramme, avaient parfaitement intégrées. La plupart des cathédrales romanes ou gothiques furent édifiées selon une géométrie procédant du nombre d'or. Que ce soit la cathédrale d'Amiens, de Beauvais, de Cologne ou de Notre-Dame-de-Paris, l'architecture de ces édifices se trouve structurée en fonction de cette proportion. Des études faites par Viollet-le-Duc ou M. Lund montrent parfaitement l'intégration du pentagramme comme source d'équilibre du plan général de ces constructions.

Eugène Viollet-le-Duc

Je vais précisément commencer ce chapitre par un des architectes français les plus connus qui se passionna surtout pour l'architecture gothique. La somme de ses connaissances en ce domaine se trouve consignée dans la plus importante de ses œuvres, le *Dictionnaire raisonné de l'architecture française du XIᵉ au XIVᵉ siècle*, publié entre 1854 et 1868. Il est né le 27 janvier 1814, à Paris, mais on ignore son heure de naissance ; il est néanmoins possible de prendre en considération les indices astrologiques promoteurs d'une équation d'or dans le thème de ce jour. Il faut d'abord souligner la présence de plusieurs aspects du nombre 5 propices aux intérêts d'essence mystiques et métaphysiques. Eugène Viollet-le-Duc choisit de se consacrer à l'art gothique pour vivre les aspects de l'invisible inscrits dans sa figure céleste. Je signale notamment à l'attention du lecteur la présence d'un semi-quintile Saturne-Neptune valorisé par la proximité de Mercure et la position en domicile de ces deux astres (Saturne est en Capricorne et Neptune en Sagittaire). Uranus, maître du signe solaire mais également de la conjonction Mercure-Saturne en Capricorne, envoie un tridécile au groupe Vénus-Pluton tandis que le Soleil est en quintile avec Mars. Ces aspects agissent dans la cadre d'une valorisation du dernier quadrant zodiacal (Sagittaire, Capricorne, Verseau, Poissons), ce qui accroît l'importance des angles. Au cœur du thème apparaissent deux angles d'or, Mercure-Neptune (34° 30') et Soleil-Pluton (42° 30'), susceptibles d'apporter de l'ampleur à l'équation.

Jean-Baptiste Carpeaux

C'est l'un des grands noms de la sculpture : il créa pour l'opéra Garnier une de ses œuvres les plus réputées, *La Danse*, considérée à l'époque comme véritablement scandaleuse. Il voit le jour à Valenciennes, le 11 mai 1827, à 17 heures, au moment d'un conjonction Vénus-Pluton, maîtresse de l'Ascendant en Balance, dans le signe sexuel du Bélier, le Soleil étant de surcroît en Taureau. Outre un sextile avec Mars, cette Vénus reçoit un angle d'or (137° 30') de la Lune en Scorpion. L'exaltation de la sensualité se lit à travers de nombreux indices thématiques et l'on n'est guère surpris qu'il ait pu scandaliser le public de l'époque avec des œuvres qui cherchent à exalter l'érotisme des corps. Cet angle d'or majeur opère entre la Lune et Vénus (planètes féminines) et entre deux des signes les plus sexuels du zodiaque.

Camille Claudel

Camille Claudel fait ses débuts dans l'atelier d'Auguste Rodin, dont elle devient la maîtresse. Mais très vite, elle acquiert sa propre technique et un style très personnel et tourmenté. Malgré son génie artistique, elle demeure dans l'ombre du maître, celui-ci faisant tout pour qu'elle soit ignorée du public. Après bien des conflits ils se séparent. Commence alors pour cette femme un long calvaire pour tenter d'être reconnue, mais elle ne fera que s'enfoncer et se détruire progressivement. Atteinte de maladie mentale et troublant la vie de son entourage, elle sera alors envoyée par son frère dans un asile psychiatrique où elle passera les vingt dernières années de sa vie.

L'état civil la fait naître le 8 décembre 1864, à 5 heures, à La Fère-en-Tardenois, ce qui lui donne un Ascendant en Scorpion – auquel Saturne se joint –, ainsi qu'une conjonction Soleil-Jupiter en Sagittaire, Pluton étant angulaire en pointe de VII, dans sa débilité majeure et au quinconce de ce Jupiter. Cet aspect est par conséquent un des angles dominants de cette carte céleste et introduit dans la psyché de l'artiste une exigence et une intransigeance dépassant les limites du raisonnable, surtout avec Jupiter qui ne fait qu'amplifier ces tendances déjà bien marquées. Son œuvre est à l'image de cet aspect hypertendu qui, dans un certain

Camille Claudel

Le 8.12.1864 à 5 heures (0 heure),
La Fère-en-Tardenois (France) (49° 12' N, 3° 32' E)

Natal
Placidus

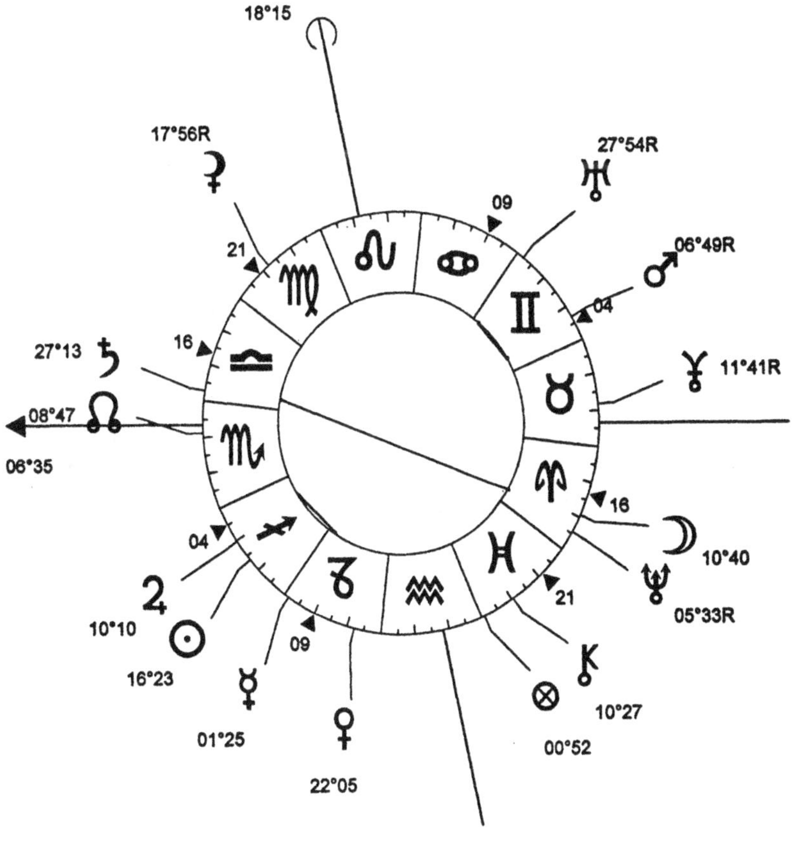

contexte thématique, peut conduire l'individu sur le chemin de la maladie mentale, étant la proie de tendances paranoïdes. Ce thème est également marqué par les angles d'or qui touchent deux astres importants du thème : Mars, maître de l'Ascendant avec Pluton, maître également du groupe Lune-Neptune, et opposé au duo Soleil-Jupiter, est relié à Uranus par un angle de 21° 30'. Jupiter, de son côté, se trouve également à 21° 30' de Mercure. Enfin, il faut ajouter les 158° 30' qui séparent Saturne de Neptune et souligner la présence de plusieurs aspects de la gamme 5 inscrits dans la figure.

Comme Camille Claudel, Auguste Rodin présente une conjonction Soleil-Jupiter, mais dans le signe du Scorpion. À la différence de sa maîtresse, cette conjonction se trouve située au Milieu du ciel, tout à la fois en bon aspect de Mars, d'Uranus et de l'Ascendant ce qui lui valut reconnaissance et célébrité. Avec ce Mars en maison VII sous opposition de Soleil-Jupiter, ce fut exactement le résultat contraire qui se produisit pour elle. Malgré son immense talent, ses œuvres ne furent guère appréciées et elle alla même jusqu'à en détruire certaines.

Auguste Rodin

C'est le 12 novembre 1840, à 12 heures, à Paris, que naît le sculpteur avec une conjonction Soleil-Jupiter au Milieu du ciel, au Scorpion. Ce Jupiter qui vient de franchir le secteur X et dispose de surcroît de plusieurs astres en Sagittaire, forme la pointe d'un triangle qui relie Vénus et Mars par des angles d'or, 21° 30' pour la première et 68° pour le second. Gouverneur également

Auguste Rodin

Le 12.11.1840 à 12 heures (0 heure),
Paris (France) (48° 52' N, 2° 20' E)

Natal
Placidus

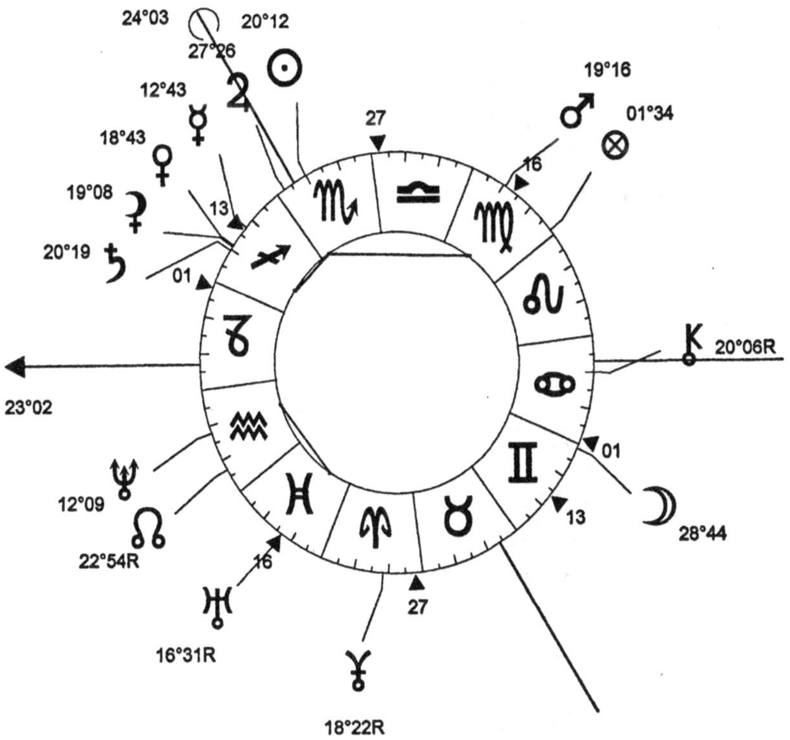

du secteur X et des astres réunis dans le neuvième signe, Neptune est relié par un angle de 34° 30' à Uranus. Un contexte mercuro-vénusien par identification au maître d'Ascendant vient compléter l'équation qui s'avère particulièrement valorisée.

Évoquons à présent brièvement les configurations de quelques autres sculpteurs célèbres.

Auguste Bartholdi

Auteur de la statue de *La Liberté* qui domine la baie de New York, sa naissance survint le 2 août 1834, à 6 h 30, à Colmar alors que Vénus se lève. Une conjonction Mercure-Soleil, maître de l'Ascendant en Lion, relie par un angle de 68° le duo Jupiter-Mars culminant, ce dernier recevant également un aspect de 47° 30' de Pluton, outre la présence d'un delta lumineux reliant Vénus, Pluton et Neptune.

Constantin L. Brancusi

Nous ne disposons pas d'heure de naissance pour le thème de cet artiste né le 19 février 1876 à Hobitza, en Roumanie, mais discernons une présence de nombreux angles d'or au sein de sa figure céleste. Initiateur de la sculpture moderne, il stylisa ses œuvres en éliminant l'aspect descriptif au profit d'une valeur symbolique. Située en Bélier, Vénus est le récepteur de plusieurs aspects d'or venant précisément du Soleil, de Mercure et d'Uranus.

Gustave Eiffel

Son thème érigé pour le 15 décembre 1832, à 20 heures, à Paris, met en relief un Uranus qui se couche en Verseau reliant à la fois Jupiter, Mercure et Saturne par angle d'or.

Alberto Giacometti

Originaire de Suisse, il est né le 10 octobre 1901, à 1 heure, à Stampa (Grisons). Une conjonction Vénus-Mars en Scorpion, maîtresse d'un Soleil en Balance, relie la Lune en Vierge par un aspect d'or (68° 30'). Pluton, leur maître, se trouve à 158° 30' de Saturne, important au Capricorne et en secteur V, positionné à 21° 30' d'Uranus.

André Le Nôtre

Jardinier du roi, il est le créateur du parc de Versailles et du jardin « à la française ». Même si nous ignorons son heure de naissance, son thème érigé pour le 12 mars 1613, à Paris, présente visiblement une équation d'or sans doute valorisée. Avec une occupation des Gémeaux et de la Vierge et les aspects qu'ils forment avec les autres planètes, Mercure prend la tête du peloton. Conjoint à Vénus, il relie Pluton par un angle de 68° 30'. Ce dernier situé à 137° 30' de Jupiter, maître du groupe Soleil-Saturne en Poissons, est également à 42° 30' de Saturne.

Auguste Préault

La naissance du sculpteur survient à Paris, le 8 octobre 1809, à 8 h 30, avec un groupe Mercure-Uranus qui entre en conjonction avec l'Ascendant en Scorpion et qui relie Saturne par angle d'or (21° 30'). Vénus, astre le plus haut dans le ciel, est à 137° 30' de Jupiter, maître d'un amas en Sagittaire, en pointe du secteur VI.

Germaine Richier

Avec Pluton sur l'Ascendant (16 septembre 1902, 21 heures, Grans, Bouches-du-Rhône), sa sculpture, proche du fantastique, semble incarner des forces obscures et hostiles. Mars, à son minuit, relie Neptune et Pluton par angle d'or tandis que la Lune en Poissons se positionne à 34° 30' de Jupiter culminant.

12

Le monde des poètes

Faisons maintenant un petit tour du côté des poètes afin de constater l'influence que les angles d'or peuvent avoir sur leurs rimes – la poésie étant, comme je le soulignais, l'art de créer un rythme et de produire des sonorités harmonieuses par l'intermédiaire du langage. Pour ne pas trop alourdir le propos, je me cantonnerai à n'étudier que quelques thèmes parmi les plus grands poètes de la langue française.

Charles Baudelaire

Né le 9 avril 1821, à 15 heures, à Paris, Baudelaire est natif du Bélier. Pluton ainsi que Saturne dominent largement accompagnés de Mars, Vénus restant très effacée. Et c'est Mercure qui vient prendre la quatrième position avec sa maîtrise sur l'Ascendant et le Milieu du ciel. La vocation emprunte par conséquent les chemins mercuriens pour s'accomplir. En dehors des conjonctions qu'il opère avec Mars et Pluton, cet astre est tout simplement relié par un angle d'or de 22° avec le

Charles Baudelaire

Le 9.4.1821 à 15 heures (0 heure),
Paris (France) (48° 52' N, 2° 20' E)

Natal Placidus

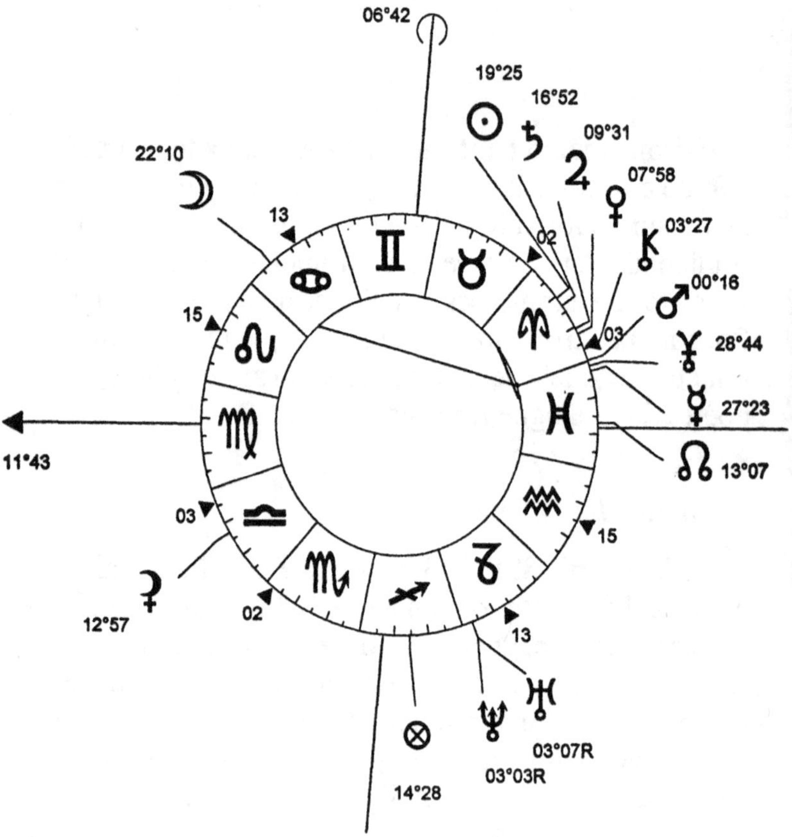

Soleil, autre symbole planétaire de réalisation. Cet aspect est par conséquent le détonateur de la vocation, outre qu'il s'exerce entre deux astres qui, sur le plan astronomique, sont à des distances proportionnelles à la mineure du nombre d'or si l'on se réfère à l'échelle Terre-Soleil. Un second angle d'or de 112°, à ne pas négliger, opère entre Mars, maître du Soleil et en conjonction étroite avec Mercure et la Lune, second dispositeur de la maison X, ce qui nous ramène derechef sur le problème de l'accomplissement social.

Marceline Desbordes-Valmore

« La mélodie jaillit d'elle, spontanément, souvent gauche et complaisante, mais soudain d'une émouvante pureté. Il n'y a rien de plus simple et sans doute de plus rare ; et c'est par où Marceline, malgré son ignorance, rejoint certains trouvères, et déjà nous prépare au chant de Verlaine qui d'ailleurs a repris quelques-uns de ses rythmes impairs[1]. »

Celle que l'on considéra comme la plus géniale poétesse de son temps naquit le 20 juin 1786, à 5 heures, à Douai, et ne poussa pas ses études au-delà de l'école primaire. Elle fut successivement cantatrice puis comédienne et après avoir épousé Prosper Valmore, comédien qui jouait avec elle sur la même scène, elle finira par abandonner le théâtre quelques années plus tard pour se consacrer à la poésie. Elle jouira d'une solide notoriété auprès des plus grands : Lamartine, Hugo, Vigny et même Baudelaire. Son thème présente une conjonction Vénus-Uranus sur l'Ascendant en Cancer

1. *Dictionnaire des auteurs*, Laffont, 1989.

Marceline Desbordes-Valmore

Le 20.6.1786 à 5 heures (0 heure),
Douai (France) (50° 22' N, 3° 03' E)

Natal
Placidus

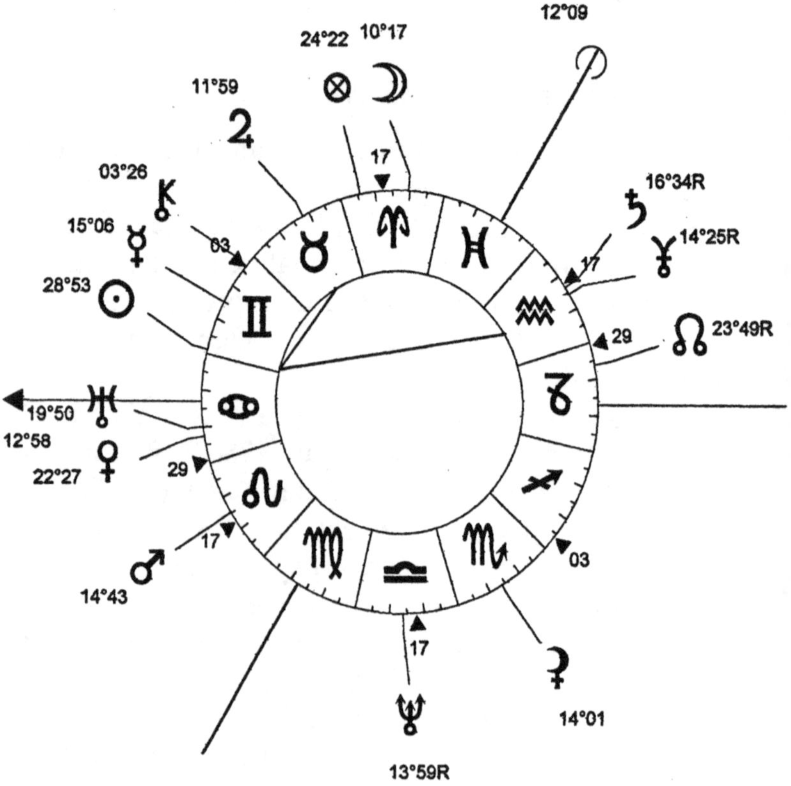

alors que le Soleil vient de se lever et qu'il se trouve à 47° de Jupiter, maître du Milieu du ciel positionné en Poissons. Il est également relié à Saturne, l'astre le plus haut dans le ciel, par un angle de 132° 30' tandis que le gouverneur de la vocation sépare Uranus en pointe de la maison I de 68°.

Stéphane Mallarmé

Le chef de file des symbolistes est né le 18 mars 1842, à 7 heures, à Paris. Sont présents un nombre impressionnant de quintiles que j'ai évoqués dans mon ouvrage précédent et qui font de lui un homme tourné vers les manifestations de l'invisible. Il est entré en poésie comme on entre en religion. Et cette conception religieuse de l'art, il va la mettre en pratique dans sa soif de perfection et d'absolu poétiques. Quels sont les signes thématiques de cet absolu ? Outre les aspects du nombre 5, l'on peut voir inscrit un magnifique triangle d'or reliant le Soleil, la Lune et Jupiter qui se surimpressionne sur le delta lumineux comprenant la Lune, Saturne et Uranus. Ce triangle d'or se trouve impliqué dans les lieux de la vocation puisque le Soleil relie Jupiter présent en secteur X, lui-même étant conjoint au maître de la maison X.

Edgar Allan Poe

Le poète de l'eau et de la mort est né à Boston le 19 janvier 1809 alors qu'Uranus se lève et que la Lune et Vénus approchent de la pointe de la maison IV sur toile de fond plutonienne. Tous ses poèmes font référence à la perte de la personne aimée et c'est par le

Stéphane Mallarmé

Le 18.3.1842 à 7 heures (0 heure),
Paris (France) (48° 52' N, 2° 20' E)

Natal
Placidus

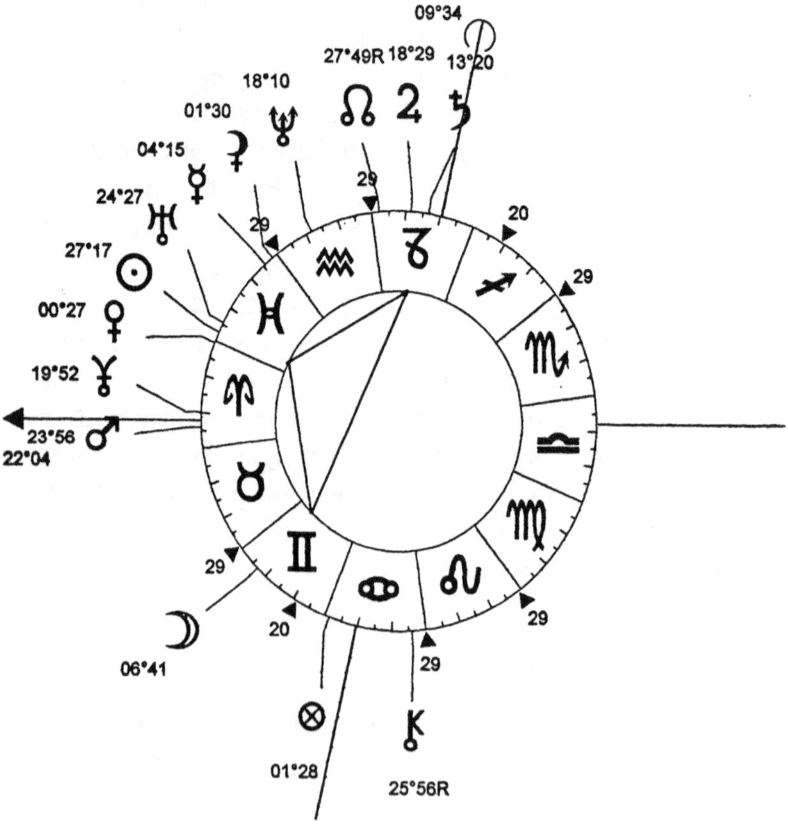

recours aux paysages mortuaires qu'il tente de raviver sa mémoire. Ses poèmes, il les doit à la présence de plusieurs angles d'or importants inscrits dans son thème : c'est d'abord celui qui relie la conjonction Soleil-Mercure, maîtresse du secteur X, à Jupiter, dispositeur de la maison V, et c'est ensuite Mars, maître du secteur VI, situé à 47° 30' de Neptune.

Arthur Rimbaud

Lorsqu'il naquit le 20 octobre 1854, à 6 heures, à Charleville, la Lune, le Soleil et Vénus entouraient l'Ascendant situé en Balance, signe d'équilibre et d'harmonie. À eux seuls, ces facteurs pourraient laisser pressentir des aptitudes artistiques pour ce natif du septième signe. Mais nombre de thèmes avec une semblable occupation zodiacale existent sans pour cela que l'individu possède de quelconques aptitudes artistiques. Seuls les angles d'or permettent de préciser avec certitude que le sujet est doué de telles facultés et qu'il les utilisera si toutefois les maîtres de la vocation s'y trouvent liés. Dans ce cas, il sera possible d'affirmer que l'individu se réalisera dans cette voie. Mais il existe bien des occupations qui relèvent de ces configurations : musicien, poète, peintre, sculpteur, architecte, couturier etc. Et pour avoir encore plus de précisions, il faut alors consulter les maîtres de la maison X, de la maison VI et de l'Ascendant ainsi que les codominantes. On sait que le sculpteur aura plutôt des dominantes Mars-Saturne car ce métier demande une certaine force (Mars) et que le matériau utilisé est le plus souvent la pierre, le bronze ou le marbre, évoquant la symbolique de Saturne. La Lune est bien souvent valorisée chez le poète car il parle de ses

Arthur Rimbaud

Le 20.10.1854 à 6 heures (0 heure),
Charleville (France) (49° 45' N, 4° 40' E)

Natal
Placidus

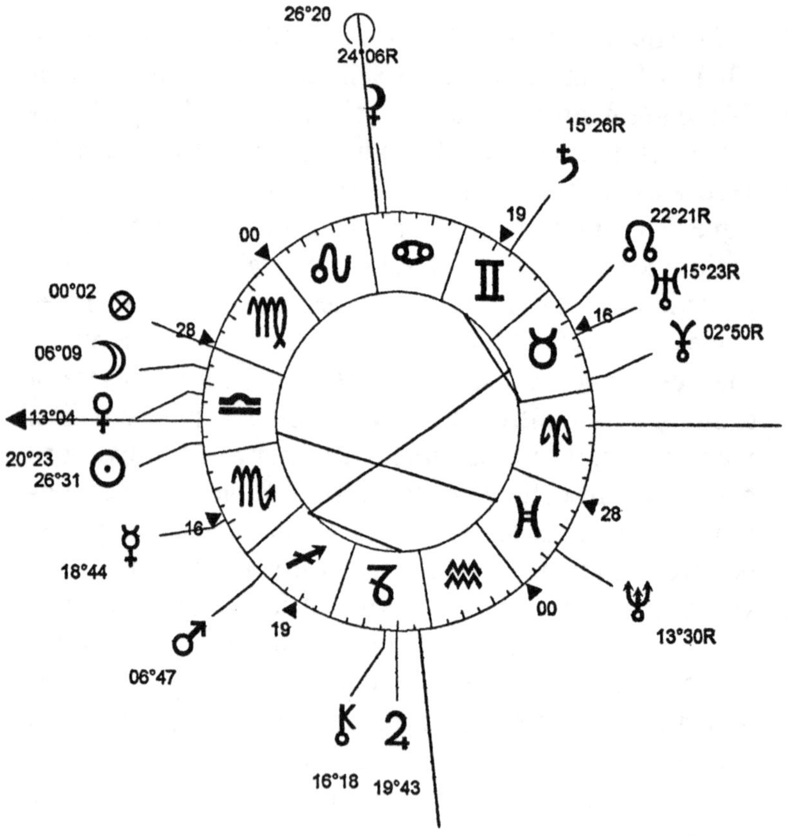

émotions les plus intimes et il cherche à traduire ses rêves et ses aspirations les plus profonds. L'architecte et le peintre, quant à eux, sont bien souvent plus proches de la réalité car ils doivent tenir compte des proportions et s'appuyer sur des données géométriques capables de donner une structure à leurs projets.

En ce qui concerne Rimbaud, nous savons qu'il fut un grand poète et il est vrai que cette conjonction Lune-Vénus-Ascendant en Balance lui apporte déjà une très belle source d'inspiration et d'imagination nécessaires à toute création artistique ou spirituelle. Mais pour déterminer la vocation, il faut se tourner vers le Soleil puisqu'il en est par essence le symbole, et qu'il est de surcroît maître des maisons X et VI par exaltation. Comme il remplit ces trois rôles et qu'il est puissamment valorisé sur l'Ascendant, il ne reste plus qu'à détecter les aspects qu'il reçoit afin de voir quel est celui (ou ceux) qui est le plus en analogie avec les facteurs précités : Soleil carré à Jupiter (orbe large), à 137° de Neptune et en opposition avec Pluton. Le deuxième aspect, l'angle d'or, est à prendre en considération car il est également maître par exaltation du Milieu du ciel, il se trouve dans le domicile symbolique de son maître, et surtout il est en analogie avec le contexte thématique (Lune-Vénus-Ascendant en Balance). Cette équation d'or est d'ailleurs renforcée par trois autres angles : Mars-Jupiter (42° 30'), qui sont les deux maîtres de la maison VI, Mars-Uranus (158° 30'), ainsi que Saturne-Pluton (42° 30').

Georges Rodenbach

Poète symboliste, observateur de la vie intérieure, hanté par la ville aux canaux dormants, il est né à

Tournai dans le Hainaut le 16 juillet 1855, à 2 heures, alors que Vénus et la Lune franchissent le Fond du ciel. Ces deux astres, outre les aspects classiques, forment des angles d'or avec le Soleil et Mars, ce dernier ayant pouvoir sur la maison VI.

Paul Verlaine

Son thème, calculé pour le 30 mars 1844, à 21 heures, à Metz, ne présente qu'un angle d'or, mais il a le mérite d'être important. Signalons tout d'abord une Lune qui culmine en secteur X, l'imaginaire étant un des facteurs de l'accomplissement. Vénus est également valorisée par son étroite conjonction avec Mars et sa position privilégiée (domicile céleste et terrestre). Exalté en Bélier, dans son domicile symbolique et gouverneur de la pointe du Milieu du ciel, le Soleil aspecte Neptune par un angle de 47° 30'. Cet aspect, la codominante Vénus-Lune ainsi que l'occupation du secteur V ont suffi pour faire de Verlaine un poète.

13

LE MONDE DE LA BEAUTÉ

Nous avons pu constater que l'angle d'or est à l'œuvre dans toutes les manifestations artistiques puisque celles-ci s'appuient sur les notions d'harmonie, de proportion, de rythme, et produisent sur l'homme une sensation d'équilibre, de beauté, d'esthétique. Nous aurions pu également citer la danse, la haute couture notamment avec les thèmes d'Yves Saint-Laurent, de Christian Dior et de bien d'autres créateurs encore. Mais le lecteur aura compris que de nombreux domaines sont concernés par l'équation d'or, pourvu qu'ils soient en adéquation avec la définition que j'ai proposée. Je voudrais maintenant aborder le problème de la plastique et de la grâce qui émane de certains individus à tel point que ces caractéristiques sont directement perceptibles et reconnues par la majorité d'entre nous. Ces critères d'harmonie viennent du fait que ces personnes possèdent des proportions en accord avec les lois du nombre d'or, lequel devient par conséquent une mesure idéale. Pour conforter cette hypothèse j'ai examiné les thèmes de

Brigitte Bardot

Le 28.9.1934 à 13 h 20 (–1 heure),
Paris (France) (48° 52' N, 2° 20' E)

Natal
Placidus

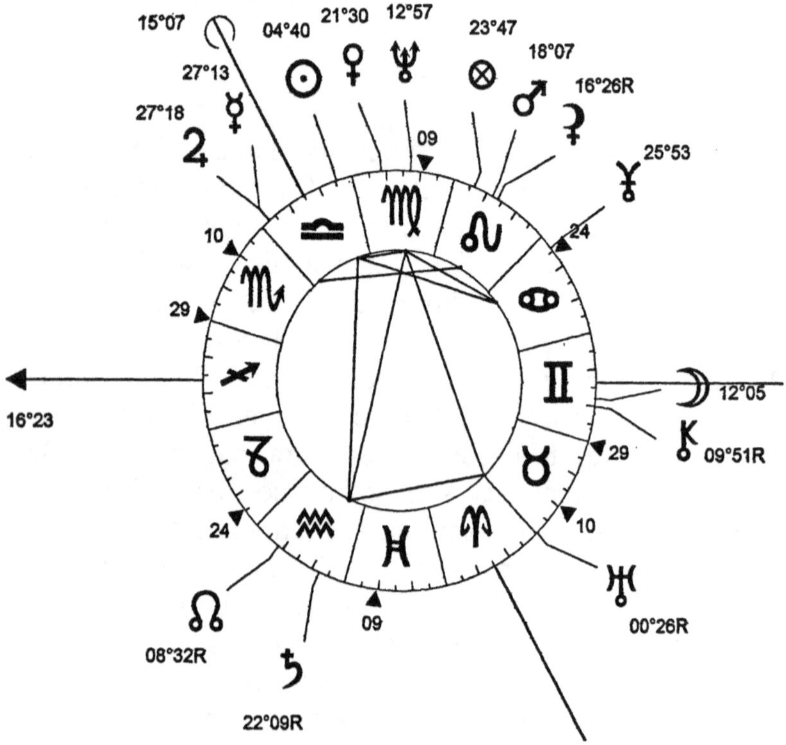

femmes qui, au cours de l'Histoire, furent remarquées pour leur beauté.

Commençons par celles qui, sans avoir obtenu de prix, furent à la quasi-unanimité, célébrées dans le monde entier pour leurs attraits physiques.

Brigitte Bardot

Ce n'est pas tant l'actrice que l'on adula en B. B., mais plutôt le pouvoir d'attraction et la beauté qu'elle incarnait. Le mythe Bardot s'est construit à partir de son talent de séductrice lié à la grâce et à la sensualité de ses formes plastiques.

Née le 28 septembre 1934, à 13 h 20, à Paris, son thème pourrait servir de prototype de l'équation d'or. Un amas en Balance (Soleil-Mercure-Jupiter-Milieu du ciel) qui valorise Vénus. Celle-ci est de surcroît conjointe à Neptune, second maître de l'Ascendant, situé en Sagittaire. En culmination supérieure, Mercure voit son pouvoir amplifié par la présence de Jupiter à ses côtés, outre qu'il est en réception mutuelle avec Vénus. Quant aux angles d'or, on n'en compte pas moins de dix. De tous les thèmes que j'ai examinés pour réaliser cette étude, c'est celui-ci qui en est le plus pourvu. Le Soleil, principe de vie, en focalise déjà un certain nombre puisqu'il est à 137° 30' de Saturne, à 21° 30' de Neptune et à 68° 30' de Pluton. Le groupe maître de l'Ascendant est séparé de Mars par 69° et celui-ci est relié à Pluton par un angle de 21° 30'. Viennent ensuite toute une série d'angles d'or composés d'astres lents: Saturne-Uranus (68° 30'), et surtout Neptune-Saturne (159°), Neptune-Uranus (132° 30'), Neptune-Pluton (47°). Ces trois derniers aspects, valorisés par Neptune, second maître de l'Ascendant, conjoint à Vénus (la grâce), expliquent que cette femme allait devoir jouer un rôle important et qu'elle représenterait pour toute une génération un idéal de beauté, de grâce et de sensualité. Peut-être faut-il voir aussi dans cette série d'angles d'or la femme qui milite pour la sauvegarde des animaux, le nombre d'or participant, comme cela a été montré, à la pulsion de vie.

Marilyn Monroe

Voici également une star qui a incarné le mythe de l'éternel féminin. Ses formes généreuses, son sex-appeal et sa beauté frémissante l'ont hissée au panthéon des femmes les plus appréciées du XXe siècle.

Norma Jean Baker naquit le 1er juin 1926, à 17 h 30, à Los Angeles, alors que Vénus sortait de culmination supérieure, amplifiée par un sextile de Jupiter et qu'elle formait un triangle d'or avec le Soleil, maître de l'Ascendant, et la Lune qui allait se coucher. Cette signature astrale est bien l'expression du charisme que Marilyn possédait et qui fit sa célébrité. Pour donner toute son ampleur à cette équation, il convient de signaler la présence d'un delta sublime reliant Neptune sur l'Ascendant, le Soleil conjoint à Mercure et à Uranus. Dans ce contexte, les angles d'or ont pris une singulière dimension.

Elizabeth Taylor

Outre son jeu d'actrice éblouissant dans lequel vient déferler toute sa sensibilité Neptune-Poissons, Liz Taylor incarne comme ses deux compagnes de cinéma

Marilyn Monroe

Le 1.6.1926 à 9 h 30 (8 heures),
Los Angeles (États-Unis) (34° 30' N, 118° 15' O)

Natal
Placidus

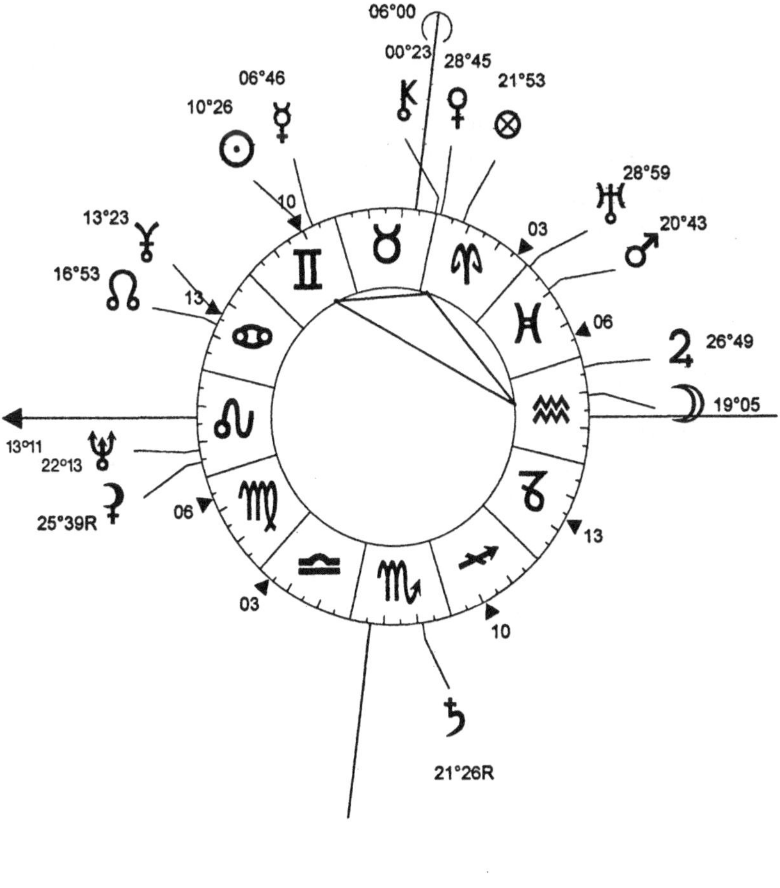

un idéal de beauté et une princesse de rêve qui fit également sa gloire. Elle voit le jour le 27 février 1932, à 2 heures, à Londres, alors que Vénus entre en culmination inférieure en compagnie d'Uranus et en trigone avec Jupiter. Neptune, maître de l'Ascendant en Sagittaire et de l'amas en Poissons, se tient à 68° 30' de la Lune, astre de la féminité par excellence.

La haute couture est également un univers où se côtoient les femmes qui, grâce à leurs silhouettes, mettent en valeur les créations des plus grands couturiers. Ce sont les mannequins ou *top models* qui sont recrutés selon des critères bien définis où l'harmonie des formes tient un rôle prépondérant. Examinons donc les astralités d'une des plus célèbres afin de détecter au sein de ses configurations celle de l'angle d'or.

Claudia Schiffer

Bien connue du public, elle est l'un des *top models* les plus représentatifs de ces dernières années. Son thème (25 août 1970, 12 h 10, Düsseldorf), montre une conjonction Mercure-Pluton très valorisée en Vierge, reliant par angle d'or à la fois Vénus, dans son domicile en Balance, et Jupiter qui se lève en Scorpion. Le Soleil, angulaire également mais au Milieu du ciel, se tient à 34° 30' d'Uranus. Au lieu de Vénus qui était la dominante dans les trois précédents cas, c'est à Mercure que revient la suprématie planétaire. Il est conjoint au maître de l'Ascendant, gouverneur du Soleil en Vierge, de la Lune en Gémeaux, dans son domicile.

Claudia Schiffer

Le 25.8.1970 à 12 h 10 (–1 heure),
Düsseldorf (Allemagne) (51° 13' N, 6° 46' E)

Natal
Placidus

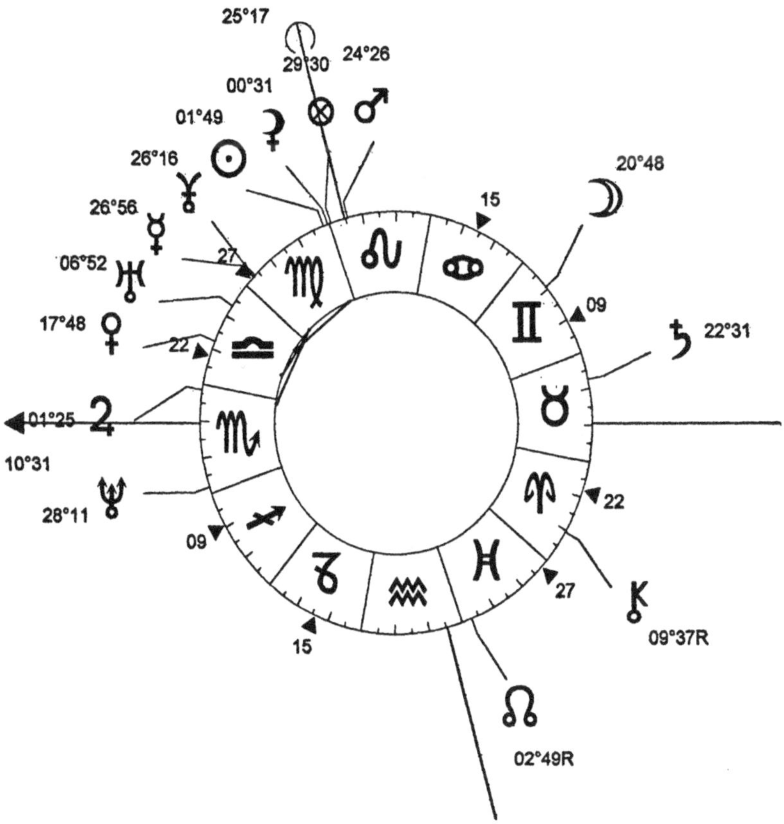

Passons maintenant à l'examen de quelques « Miss » qui, bien sûr, rentrent dans cette catégorie de personnes hautement appréciées pour leurs proportions et leurs formes harmonieuses et qui sont couronnées parce qu'elles incarnent les canons de la beauté d'une certaine époque. Il est évident que dans ces cas Vénus est une des pièces capitales de l'équation mais que cet astre ne suffit pas pour accorder la beauté.

Valérie Claisse

Miss France 1994 est née le 15 mai 1972, à 22 h 30, à Saint-Nazaire. Vénus est particulièrement proéminente : elle se couche en compagnie de la Lune et dispose du Soleil et de Mercure en Taureau, ce dernier étant lui-même angulaire au Fond du ciel. Les nombreux aspects qu'elle reçoit des autres astres lui apportent certaines qualités : féminité avec la Lune, érotisme avec Mars et Pluton, finesse avec Mercure, toutes ces tendances étant de surcroît amplifiées par Jupiter, piqué sur l'Ascendant et fortement aspecté. L'astre de la beauté se trouve ainsi particulièrement bien inséré et pourvu de nombreuses qualités. Sa position en maison VII le place bien en vue et son trigone avec le Milieu du ciel lui sert de tremplin pour réussir grâce au pouvoir de séduction. Les aspects vont alors pouvoir nous décrire plus précisément l'orientation de cette femme. Pluton, maître du secteur X, est à 111° 30' de Saturne, représentant du moi. Le Soleil, autre facteur de réalisation, est relié à Jupiter par l'angle de 137° 30'. Ces deux aspects, du fait de leur maîtrise sur le secteur de la vocation, orientent donc cette femme vers une réalisation esthétique.

Valérie Claisse

Le 15.5.1972 à 23 h 30 (– 1 heure),
Saint-Nazaire (France) (47° 17' N, 2° 12' O)

Natal
Placidus

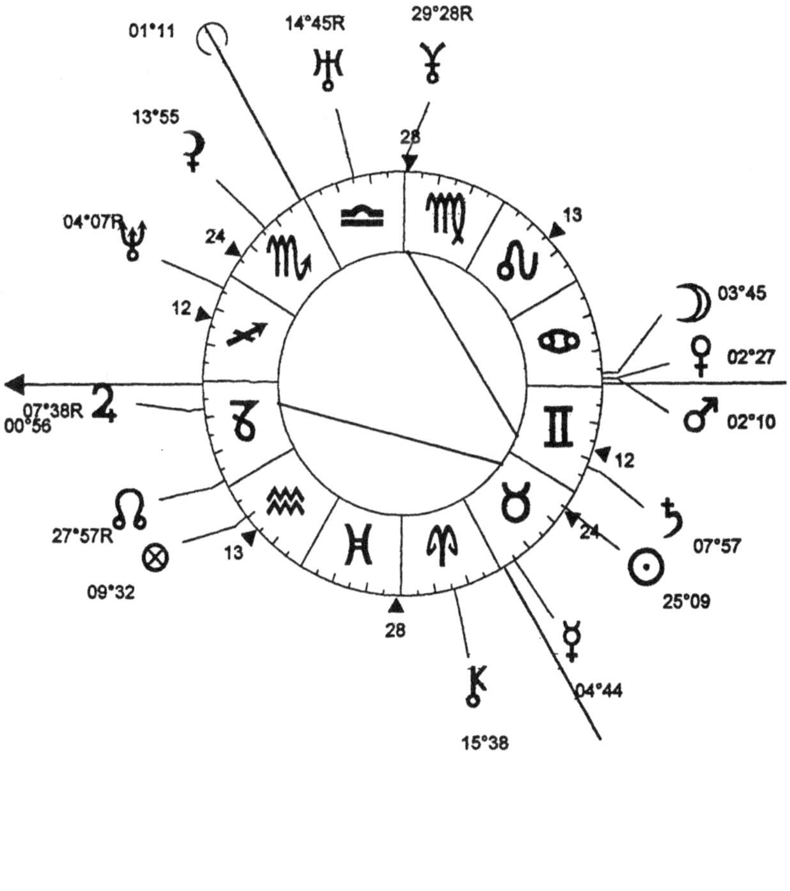

Mélodie Vilbert

Miss France 1995 est née le 6 octobre 1976, à 9 h 40, à Muret. Une fois de plus Vénus se trouve largement valorisée par son étroite conjonction avec l'Ascendant, sa maîtrise sur le duo Soleil-Pluton présent dans le signe de la Balance, sa quadrature avec Saturne qui vient de franchir le Milieu du ciel. Elle possède également le privilège d'être à 47° de Mercure, un des régisseurs de la maison X. Sa conjonction à Uranus lui permet d'être impliquée dans un aspect de 137° que ce dernier reçoit de la Lune positionnée en secteur IV. Celle-ci relie de surcroît Jupiter, occupant le secteur VII, par un angle de 68°. Enfin le premier maître du Milieu du ciel, le Soleil, est situé à 132° 30' de ce même astre.

Sophie Thalmann

Miss France 1998 est née le 7 mai 1976, à 2 h 25, à Bar-Le-Duc, et son thème comprend un amas en Taureau qui compte le Soleil, Jupiter (maître de la maison X) et Vénus (dans son domicile et conjointe aux planètes de la vocation). Un aspect de 68° 30' sépare Le Soleil de Mars, tous deux angulaires et dispositeurs de la maison X, ce dernier se trouvant à 138° de Neptune en culmination supérieure.

Mélodie Vilbert

Le 6.10.1976 à 9 h 40 (– 1 heure),
Muret (France) (43° 28' N, 1° 20' E)

Natal
Placidus

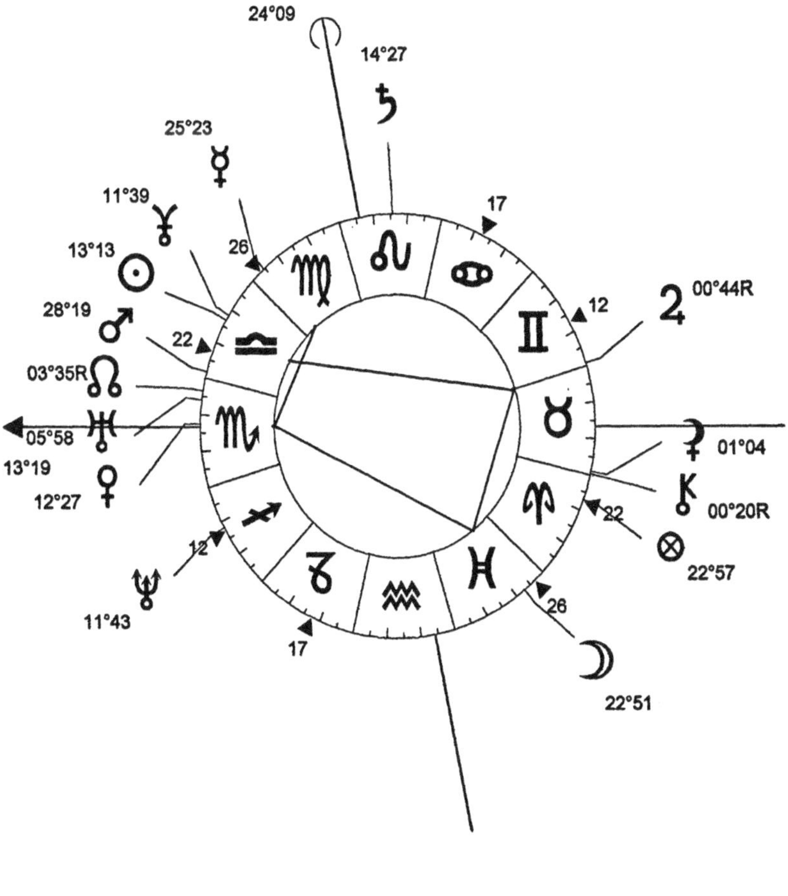

14

L'HARMONIE DANS LE COUPLE

J'évoquerai à présent une question concernant les relations affectives : quelles peuvent être les conditions pour qu'un couple, malgré les problèmes inhérents à l'union, reste lié indéfectiblement et puisse se sentir en harmonie tout au long de sa vie ?

Nombreux sont ceux qui restent ensemble alors que, vraisemblablement, ils ne ressentent pas ou plus ce sentiment d'entente et d'harmonie que l'on appelle plus communément l'amour. Cette évolution des sentiments est le plus souvent considérée comme normale chez la plupart des individus qui pensent que les relations s'usent avec le temps. Mais il existe aussi certains couples, même s'ils sont moins nombreux, qui aiment comme au début et continuent à vivre dans une atmosphère d'harmonie qui étonne leur entourage. La réponse de l'astrologue pourrait être fort simple : lorsque l'on examine les thèmes de ceux qui sont ensemble par habitude, on n'observe pas certaines superpositions planétaires, de surcroît étroites, qui existent chez les couples harmonieux. C'est le moment d'ailleurs de signaler que plus une superposition est exacte, plus elle a de poids et de force. Il en est de celles-ci comme des aspects. Il va de soi qu'une superposition Vénus-Mars sera d'autant plus puissante qu'elle est exacte, et que par conséquent le couple sera plus en harmonie sur ce plan. On est ainsi en mesure d'établir une échelle de valeur décroissante selon que les astres se superposent (conjonction plus ou moins étroite), s'harmonisent (aspect positif : sextile, trigone, semi-sextile), se trouvent sans aspect ou dans le pire des cas sont en dissonance (carré, semi-carré, opposition, quinconce). Cette parenthèse étant faite, il existe néanmoins des couples ne possédant pas de puissantes superpositions planétaires et dont les sentiments ont pourtant perduré avec la même intensité jusqu'au bout. Comment expliquer ce phénomène autrement que par les règles classiques de la comparaison de thème ?

En amour, comme dans tous les autres domaines, il existe une échelle de valeur qui va de la simple entente cordiale à l'harmonie la plus totale. La plus ou moins bonne entente entre les sexes s'observe astrologiquement parlant dans la comparaison des configurations concordantes ou divergentes des thèmes considérés. L'harmonie susceptible de résulter d'une union fait, je crois, l'objet d'une autre recherche astrologique que je vais essayer d'exposer ici. Il me faut tout d'abord définir le terme « harmonie » dont le sens est beaucoup plus profond, beaucoup plus significatif que la simple bonne entente et suppose avant tout une unité au sein du couple. Car le problème de l'amour et de la sexualité trouve son origine dans la dualité inhérente à tout être vivant. Un article de Suzanne Lilar, extrait du numéro 12 de la revue *Planète*, permet de bien cerner ce phénomène : « Le sexe n'est qu'une des formes de la dualisation universelle. L'androgyne est à la fois le symbole de l'indistinction primordiale et divine et de toute expérience tendant pour l'homme à la réintégrer. Tel est l'enseignement de ce mythe initiatique qui figure dans la plupart des grandes traditions sacrées d'Occident et d'Orient, avec des variantes mais surtout des constantes. Au commencement était un être (ou plusieurs) qui possédait les deux sexes. Il se divisa ou se laissa diviser en deux moitiés, l'une mâle l'autre femelle. Mais avec la séparation, la coupure dira Platon (cf. l'étymologie de sexe : *sectus*, coupé), apparaît le désir de se réunir et de reconstituer l'indistinction. »

L'harmonie possède donc ce sens de retour à l'unité par l'union des sexes et des âmes que l'on peut retrouver chez certains couples privilégiés. La notion d'harmonie est à la fois présente dans les arts : musique, peinture, architecture mais également dans la nature et chez les êtres vivants notamment dans les relations amoureuses, fondement de la vie. Il n'empêche que ce principe n'existe pas en chacun de nous, même si nous cherchons à l'atteindre. C'est d'ailleurs à travers l'union que peut être réalisée l'harmonie quand, toutefois, des obstacles ne viennent pas se mettre en travers de notre route. Dans cette dernière hypothèse, la sublimation devient un moyen détourné pour atteindre cet état qui n'a pu se réaliser autrement. Dans les exemples retenus jusqu'à présent, j'ai remarqué que ce ne sont pas les couples réputés les plus unis qui détiennent le plus de superpositions positives. Faut-il dès lors penser que ces configurations ne sont pas aussi agissantes qu'on veut bien le croire ? Certes non ; mais il convient de faire une distinction importante entre éléments d'ententes et éléments d'harmonie. Dans le premier cas, on tient compte des configurations planétaires bonnes ou mauvaises capables d'infléchir la vie du couple dans un sens positif ou, au contraire, négatif, alors que dans le second cas, on remarque une harmonie qui place les deux partenaires en symbiose, quelles que soient par ailleurs les difficultés qu'ils peuvent connaître. Cette harmonie, semblable à une musique céleste qu'ils sont les deux seuls à recevoir, leur permet d'être, comme le suggère le langage populaire, « sur la même longueur d'onde », malgré les contingences et des difficultés de toutes sortes.

Le nombre d'or est le nombre de l'harmonie terrestre et principe de vie. Il est également le nombre de la perpétuation de la vie qui émane du processus de la sexualité, celle-ci possédant plusieurs fonctions : union des contraires permettant la reproduction, mais également tentative de retour à l'unité pour atteindre l'harmonie. La reproduction se trouve bien représentée dans l'image du pentagramme puisque, à l'intérieur de celui-ci, on peut tracer un autre pentagramme, les deux pointes en haut cette fois, cette opération pouvant se reproduire à l'infini selon un processus de dualité faisant alterner au sommet de l'étoile tantôt une, tantôt deux pointes, alternance du masculin et du féminin, de la dualité du monde. On retrouve également cette idée dans le nombre d'or puisqu'il est inscrit dans le monde du vivant alors qu'on ne le rencontre pas dans le monde inanimé.

Je vais pouvoir maintenant passer aux thèmes d'exemple. Avant de rechercher des relations en mode d'angle d'or dans les thèmes de couples réputés en harmonie, je dois avant tout repérer un de ces aspects dans la texture céleste de chaque natif, car s'il a connu l'harmonie au sein du couple, cette caractéristique doit alors se lire dans le thème natal. Il convient donc, pour chaque exemple, de chercher un aspect d'or radical qui sera réactivé au moment d'une rencontre. En comparaison de thème, on observera alors des liens planétaires se combinant sous la forme d'aspects résultant du nombre φ, lesquels pourront expliquer pourquoi tel couple vivra en harmonie même si par ailleurs l'évaluation comparative des thèmes demeure tout à fait moyenne.

Si chacun de nous recherche le partenaire idéal, rares sont ceux qui le trouvent. De cette coïncidence de deux êtres résulte un sentiment de bien-être et d'harmonie qui engendre le plus souvent l'amour durable. L'angle d'or est celui qui permet d'atteindre cette sérénité, en dépit de conflits importants, et sa présence pourrait dès lors expliquer pourquoi certains couples dont les thèmes présentent de graves difficultés demeurent solides et harmonieux tandis que d'autres, dans les mêmes conditions, se défont très rapidement. On pourrait invoquer la maturité des premiers et la problématique des seconds. C'est un aspect qui peut effectivement entrer en ligne de compte, mais qui n'apporte aucune réponse à l'attrait parfois irrésistible qu'un être peut d'emblée ressentir pour un autre sans même le connaître et le sentiment que l'autre lui est indispensable et que sa seule présence le remplit de joie. Il est bien évident qu'un couple mature a plus de chances de perdurer qu'un couple à problèmes car chacun ne va pas projeter ses conflits sur l'autre; mais il existe bien des unions névrotiques qui fonctionnent au point d'être indissolubles. Le problème de la durée n'est ainsi pas lié à ces facteurs. Avec le nombre d'or, nous sortons des conceptions d'ordre psychologique pour entrer dans des considérations d'ordre cosmique ou étherique.

À l'aide d'exemples, je vais tenter de montrer que si la bonne entente d'un couple se lit d'après les critères astrologiques classiques de la comparaison de thèmes, l'harmonie, elle, beaucoup plus rare et unifiante, est marquée au sceau de la divine proportion.

Victor Hugo et Juliette Drouet

Leur histoire est bien connue. C'est le 11 mai 1883 que Juliette meurt, après avoir donné cinquante ans de sa vie à Victor ; juste avant de s'éteindre, elle prononcera encore ces mots : « Je t'aime. » On connaît également les poèmes qu'Hugo adressa à sa bien-aimée.

En ce qui concerne les superpositions, il faut signaler qu'ils portent tous deux une conjonction Vénus-Pluton en Poissons. On pourrait très bien s'en tenir là pour expliquer la passion qui les a unis jusqu'à la fin. Mais, à amours exceptionnelles doivent correspondre des configurations célestes exceptionnelles. La comparaison de leurs thèmes, vus sous l'angle de la tradition, n'a pas fait ressortir les superpositions planétaires attendues : Soleil-Lune et Vénus-Mars, considérées comme les plus parlantes. Certes, leurs luminaires sont respectivement en accord (trigone et sextile), mais ces aspects sont de loin moins significatifs et moins puissants que la conjonction. Et c'est dans la superposition Vénus-Pluton, maîtresse de l'Ascendant dans les deux cas, qu'il faut chercher la raison de cette puissante attraction. Mais peut-elle expliquer à elle seule la passion profonde et durable qui les réunit si longtemps ?

Victor Hugo

Le 26.2.1802 à 22 h 30 (0 heure),
Besançon (France) (47° 15' N, 6° 1' E)

Natal
Placidus

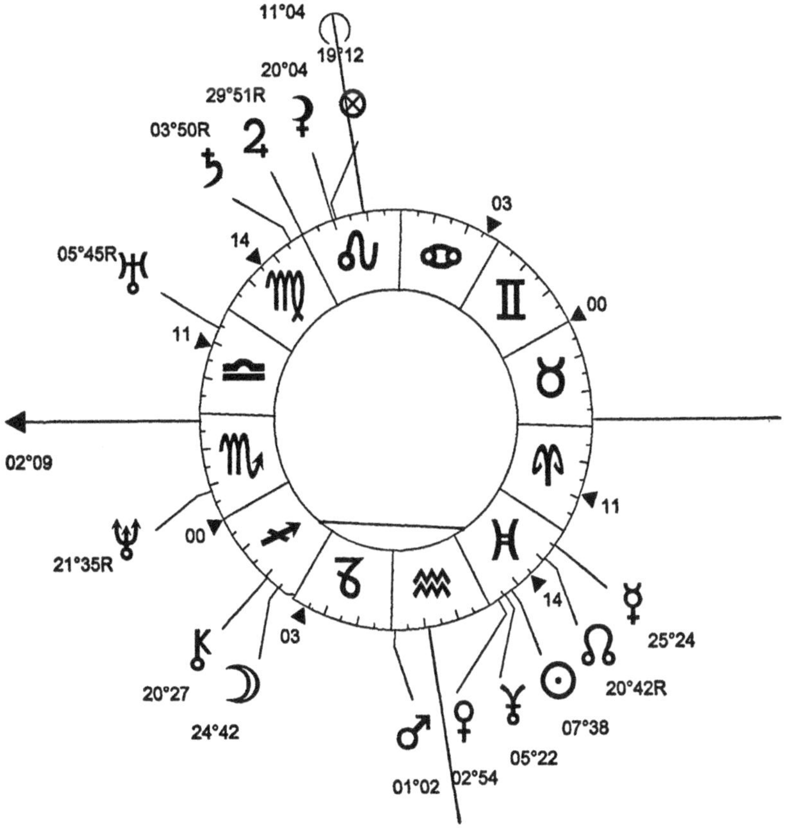

Juliette Drouet

Le 10.4.1806 à 7 heures (0 heure),
Fougères (France) (48° 20' N, 1° 12' O)

Natal
Placidus

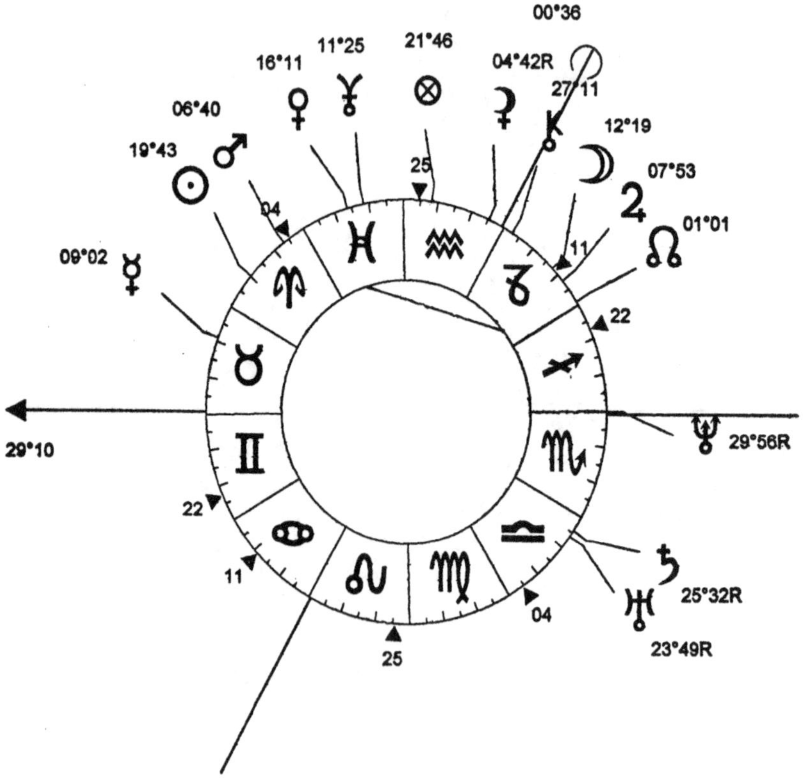

Les angles d'or, source d'harmonie, et d'unité, pourraient bien être le fil rouge susceptible d'en rendre compte. Sur le plan astrologique, il convient de noter que chaque carte du ciel natal comporte un ou plusieurs angles d'or : 68° entre la Lune et Vénus chez Hugo, 68° entre Jupiter et Vénus chez Juliette. Le premier fait intervenir les deux planètes féminines et affectives dont l'une est la maîtresse de la maison VII ; le second opère à travers Vénus (l'amour) et Jupiter (l'expansion), ces deux astres étant maîtres de l'axe I-VII. La signification de ces deux angles est donc conforme à notre attente, chacun des deux protagonistes portant de surcroît cette configuration spécifique au sein de son thème. Il reste maintenant à détecter la trace d'un tel aspect dans la superposition des cartes. Je constate alors que le Soleil de Juliette, à 20° du Bélier, est distant de 47° de la Vénus de Victor, située à 3° des Poissons. Une fois encore, chacun de ces astres est en adéquation avec la symbolique recherchée. Chez Juliette, le Soleil représente l'homme idéal qu'elle recherche tandis que, chez son partenaire, Vénus indique le pôle affectif et érotique. Il faut également noter la présence d'un angle de 132° 30' entre la Lune de l'un et le Jupiter de l'autre, qui traduit bien l'élan et l'enthousiasme affectif qu'ils partagèrent. Il est donc probable que ces deux écarts angulaires ont singulièrement contribué à renforcer l'amour réciproque que les deux amants se vouèrent et leur ont permis d'atteindre cette harmonie qui les a réunis au-delà sans doute de leurs espérances.

Si je me reporte à présent au moment de leur rencontre, le 17 février 1833, je m'aperçois que ces aspects se reconfigurent, dans le thème de Juliette, à travers un transit de Neptune, à 28° du Capricorne, qui passe à 48° de sa Vénus natale (16° des Poissons) en même temps qu'à 68° de son Mars natal (6° du Bélier). On assiste donc à cette période au passage de Neptune, astre venant de VII et disposant de Vénus, venant former des angles d'or avec les planètes de la passion amoureuse. Il semble difficile dans ces conditions de ne pas en tenir compte et de considérer leur présence comme une pure coïncidence. En ce qui concerne Hugo, l'on voit certes Jupiter, promoteur d'une expansion affective, arriver sur sa Vénus natale, mais il faut souligner de surcroît la position en transit de Pluton, conjoint à Vénus au radical, stationnant à 69° de son Mars natal, outre Neptune, maître de la maison V, qui passe à 35° de sa Vénus. Ces angles d'or semblent un peu moins significatifs que ceux trouvés chez sa maîtresse, mais ne sont pas sans résonance. Est-ce qu'il ne faudrait pas voir dans cette différence d'intensité de leurs transits une hiérarchie dans le degré d'harmonie que chacun ressentit ? On sait que Juliette fut totalement dévouée à l'écrivain, puisqu'elle n'hésita pas à subir toute sa vie la claustration et la pauvreté.

Louis Aragon et Elsa Triolet

Bien que les heures de naissance de ce couple soient inconnues, il est cependant possible, en dressant le thème du jour, d'en étudier les aspects.

Née le 25 septembre 1896 à Moscou, la carte natale d'Elsa Triolet nous met en présence d'un angle d'or (69°) reliant la conjonction Mars-Neptune à Jupiter. Le Soleil et Vénus se trouvent également séparés par un angle de 21°. Il est bien sûr impossible de préciser

Louis Aragon

Le 3.10.1897 (heure inconnue),
Paris (France) (48° 52' N, 2° 20' E)

Natal

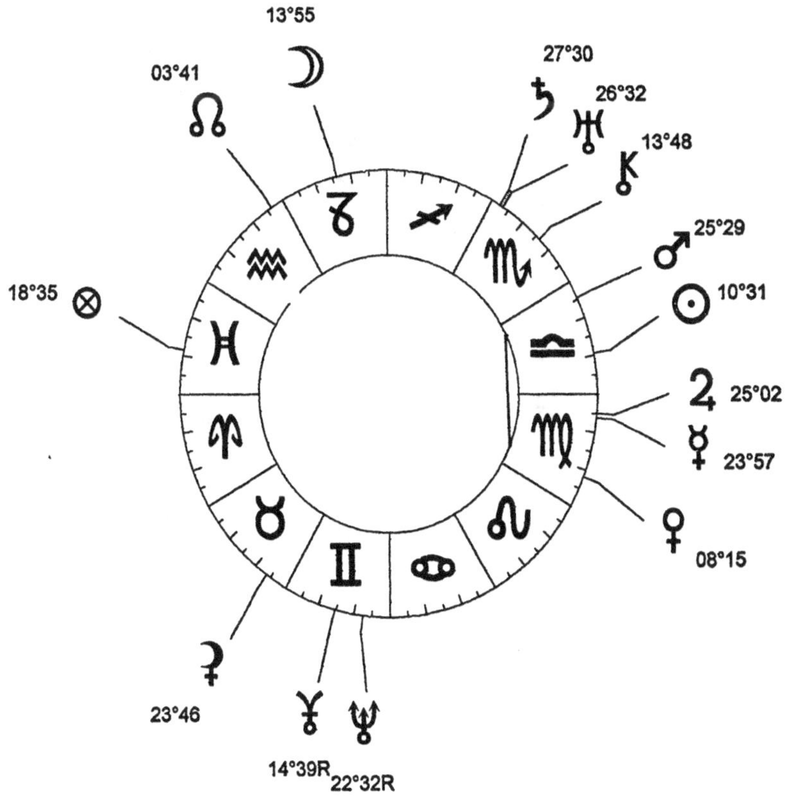

Elsa Triolet

Le 25.9.1896 (heure inconnue),
Moscou (Russie) (55° 45' N, 37° 37' 20" E)

Natal

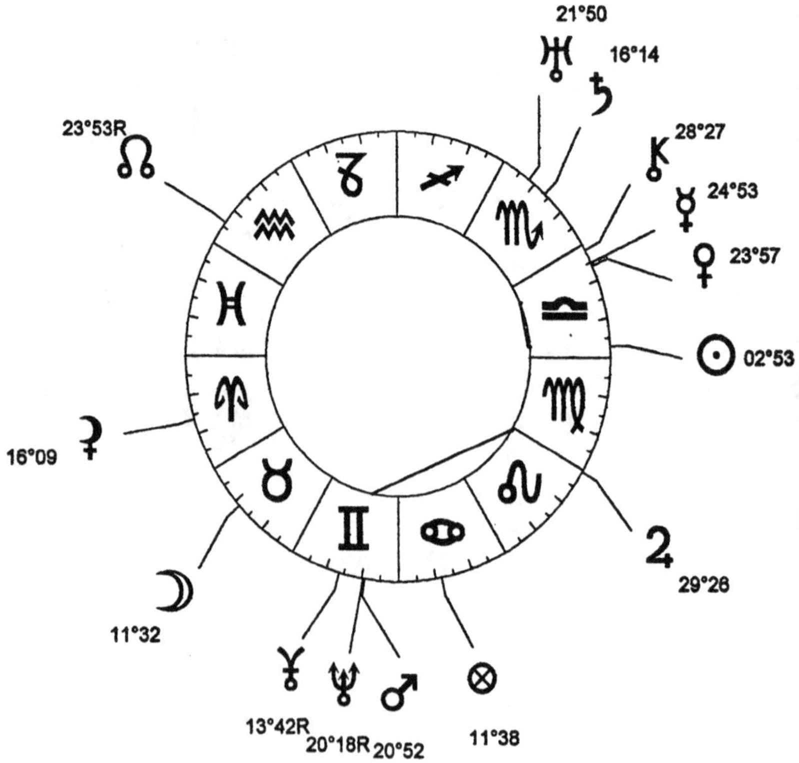

les maîtrises de ces astres et de situer dans quel domaine de l'existence cet écart angulaire peut jouer. Je tiens cependant à signaler que Mars, significateur de l'amant et le Soleil, archétype masculin dans un thème de femme, sont tous deux inclus dans ces configurations. Poursuivons notre recherche en situant dans le thème d'Aragon la présence d'un angle de 47° entre Vénus et Mars, les deux astres de la passion amoureuse. Ignorant par contre la date précise de leur rencontre, je ne peux me livrer, comme je l'ai fait pour le couple Hugo-Drouet, à la recherche des transits. Je note, en revanche, en comparant leurs ciels, certaines relations planétaires appropriées : 21° 30' entre le Soleil d'Elsa et le Mars de Louis. L'exemple de ce couple n'est pas aussi probant que le précédent. Faute de connaître leur heure de naissance, je m'en tiendrai là de ma recherche.

Jean-Paul Sartre et Simone de Beauvoir

Voilà un couple célèbre qui fut beaucoup plus uni sur le plan intellectuel, social et militant que sur le plan affectif. Dans la comparaison de thèmes classiques, leurs affinités spirituelles se trouvent dans l'importante opposition qui barre le thème de chacun et met en vis-à-vis le groupe Soleil-Mercure au groupe Uranus-Neptune. Sur le plan affectif, il en va tout autrement, puisque l'on ne compte qu'une seule superposition : Lune de l'un sur Vénus de l'autre, de surcroît très large. Les superpositions réputées favorables dans ce domaine se trouvent en quadrature pour les luminaires et en opposition large pour le duo Vénus-Mars. Sans de puissants intérêts intellectuels communs, le couple se serait sûrement pas perduré car il n'existe guère d'autres

Jean-Paul Sartre

Le 21.6.1905 à 18 h 45 (0 heure),
Paris (France) (48° 52' N, 2° 20' E)

Natal
Placidus

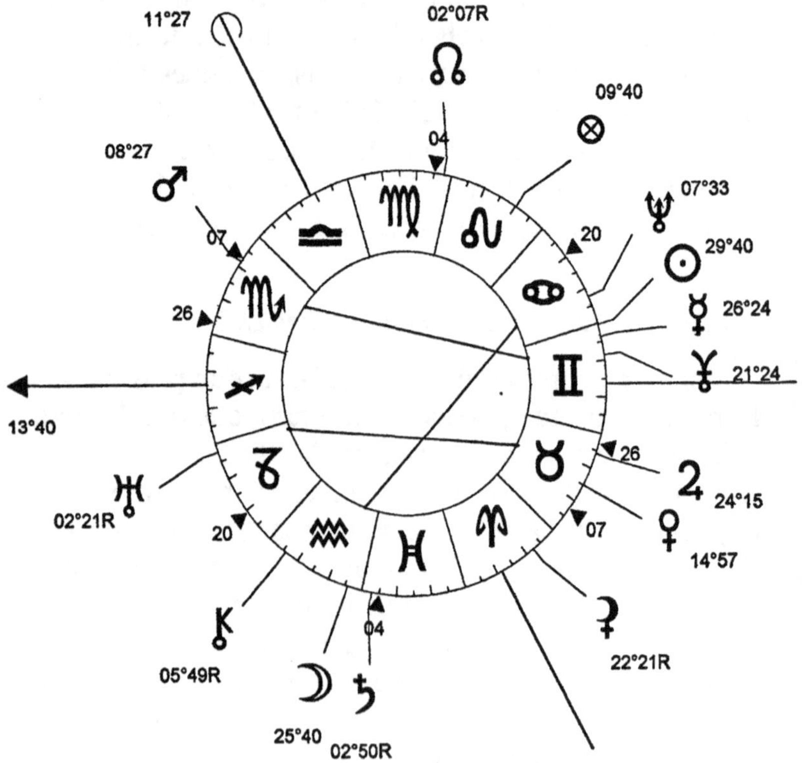

Simone de Beauvoir

Le 9.1.1908 à 4 h 30 (0 heure),
Paris (France) (48° 52' N, 2° 20' E)

Natal
Placidus

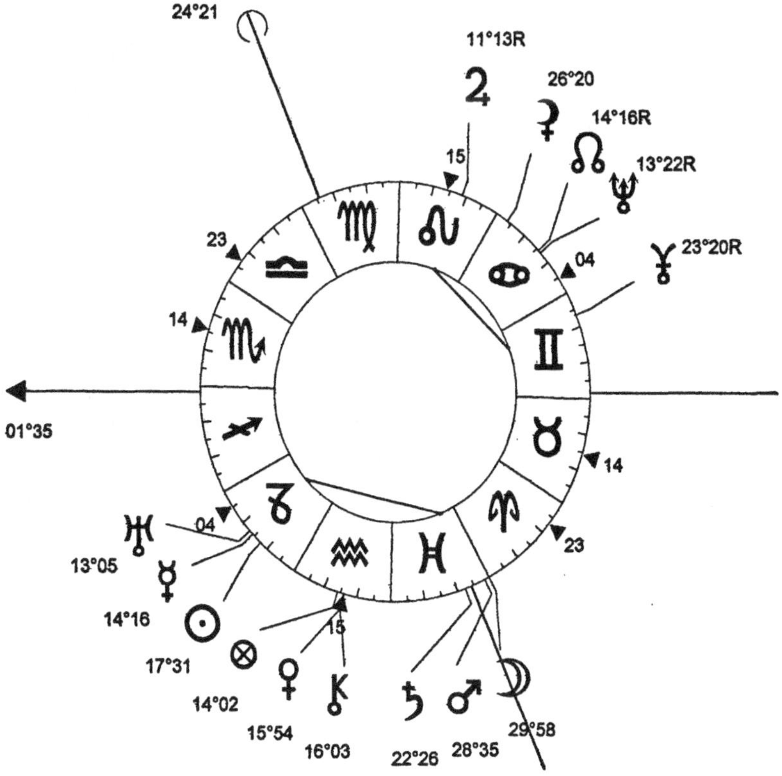

points d'ancrage favorables. Il faut néanmoins faire remarquer que les deux thèmes sont branchés en droit fil sur des pôles d'intellect et peut-être par conséquent plus détachés que certains des problèmes affectifs. Le thème de Sartre est largement soumis au signe des Gémeaux, dans un cadre urano-mercuro-plutonien tandis que celui de sa compagne est soumis à Saturne, Uranus et au Capricorne, cet ensemble de facteurs faisant prévaloir une majorité d'éléments secs (la raison, l'intellect) au détriment des facteurs humides (les sentiments et la sensation). Ainsi ont-ils pu surmonter les obstacles affectifs, étant tous deux exclusivement polarisés par le monde des idées. Il n'empêche que certains angles d'or, inscrits dans leur thème respectif ou en relation planétaire d'une carte à l'autre, peuvent expliquer pourquoi leur tandem fut indissociable au point de coïncider dans toutes les actions qu'ils menèrent, sur les plans philosophique, politique et social.

Les angles d'or inscrits dans l'horoscope de Simone de Beauvoir sont d'ailleurs d'une essence très particulière puisqu'ils touchent non pas les astres de l'affectivité, mais ceux de la réflexion. En témoignent les 68° 30' qui séparent Mercure, maître des maisons VII et X, de Saturne hypervalorisé en secteur III. Cet aspect est celui de la réflexion qui s'exerce en profondeur. Comme il s'agit en l'occurrence d'un angle d'or, il apporte bien évidemment à la native harmonie dans ce domaine, laquelle est partagée avec le compagnon, maison VII oblige. Un autre aspect de semblable essence (48°) émerge également du flot général mettant en présence Jupiter, éventuellement fonction du moi, et Pluton, astre positionné en secteur VII, en Gémeaux.

Le thème de Sartre présente trois angles d'or de 132°

chacun entre la Lune et Neptune, Mercure et Mars, Vénus et Uranus. Moins significatifs que ceux inscrits dans la carte de son inséparable compagne, il est difficile de les analyser. Cette lacune est peut-être due au fait que l'écrivain était sûrement le moteur du couple : ce qui importait pour lui, c'était qu'elle le suive dans son aventure intellectuelle et politique. Dans le journal qu'elle tient, celle-ci évoque ses relations avec Sartre et l'on sent l'admiration sans borne qu'elle avait pour cet homme.

En superposant leurs thèmes, on détecte néanmoins certains astres reliés par angle d'or : la Lune de Jean-Paul se trouve à 138° du Neptune de Simone, son Mars à 69° du Soleil, élément propre à expliquer leur inébranlable amitié.

C'est en juillet 1929 qu'ils se rencontrent pour la première fois, alors qu'ils préparent tous deux l'agrégation de philosophie. À cette période, les transits ne sont guère favorables pour la jeune étudiante, même ceux concernant l'affectivité (Soleil, Mars, Vénus, Lune) : Pluton piétine à 17° 30' du Cancer en opposition avec son Soleil natal, Neptune, à 29°30' du Lion, vient se mettre en carré avec l'Ascendant et en quinconce avec la Lune, Uranus, à 11° du Bélier, est trigone à Jupiter mais il faudra attendre juillet 1930 pour qu'il vienne se positionner à 16° du même signe, en sextile avec sa Vénus natale. Saturne fait une boucle entre 23° et 26° du Sagittaire, en carré avec sa position radicale. Seul Jupiter traverse à cette période le secteur VII et vient stationner, en octobre 1929, en trigone avec sa Vénus natale, seule planète favorablement touchée.

En regardant du côté des angles d'or, on s'aperçoit qu'ils sont présents en transit et donnent à la rencontre des deux jeunes gens un cachet très particulier : l'union irrésistible de deux esprits. Neptune, maître de la Lune et de l'Ascendant Sagittaire, passe précisément en ce mois de juillet 1929 à 138° du Soleil natal, représentant de l'archétype masculin. Plus tard, en février 1930, Jupiter, dans sa traversée du secteur VII, se replie à 6° 30' des Gémeaux pour former un angle de 68° avec Mars natal, maître de la maison V et autre représentant de l'archétype masculin. Si les transits classiques ne sont guère puissants pour une rencontre aussi forte et durable, en revanche les angles d'or sont présents et accroissent à n'en pas douter l'impact que produisent les premières relations entre les deux partenaires.

Beaucoup plus marqués sont les transits de Jean-Paul Sartre. À cette période, Pluton navigue à 17° 30' des eaux cancériennes, sextile à sa Vénus natale, tandis que Saturne vient s'installer à 24° du Sagittaire, sextile également à sa Lune radicale, Jupiter stationnant de surcroît quelque temps plus tard, en octobre 1929, à 16° des Gémeaux, en conjonction exacte avec le Descendant. On assiste donc à une série de transits focalisés sur les facteurs propices à l'amour et à l'union. Mais il faut signaler également la présence d'un transit d'or émis par Neptune, astre situé en maison VII et en Cancer au radical, qui évolue à 68° de Pluton, angulaire sur le Descendant, lorsque l'écrivain fait la connaissance de Simone, Mars venant de surcroît rejoindre cette planète en ce mois de juillet.

Federico Fellini et Giulietta Masina

Ayant procédé à la comparaison de leurs cartes natales, j'en déduis que les sources de mésententes

Federico Fellini

Le 20.1.1920 à 21 heures (–1 heure),
Rimini (Italie) (44° 04' N, 12° 34' E)

Natal Placidus

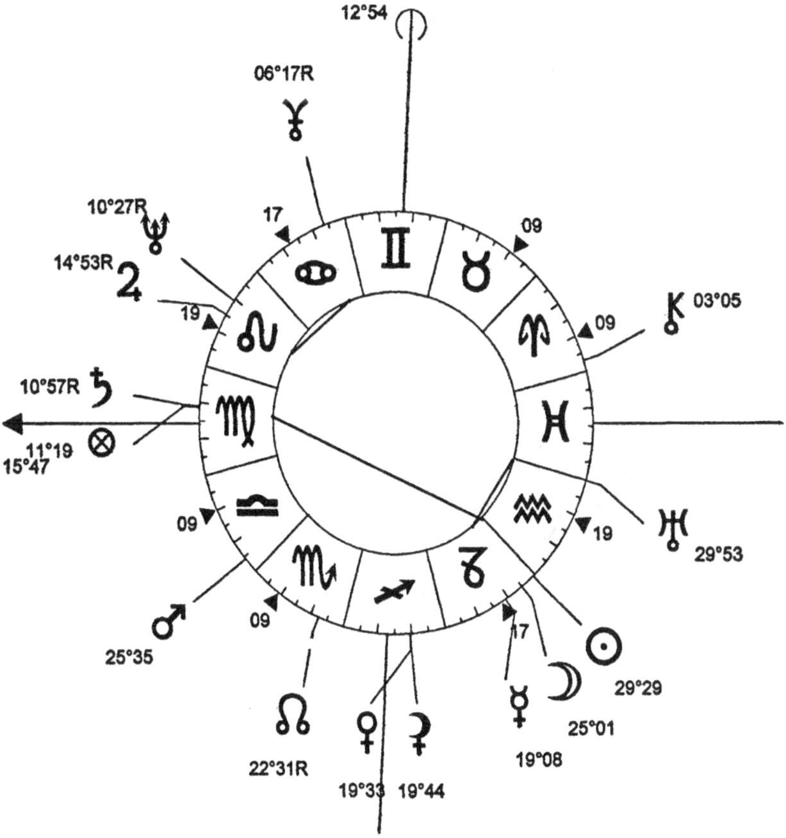

Giulietta Masina

Le 22.2.1921 à 8 h 15 (– 1 heure),
San Giorgio di Piano (Italie) (44° 39' N, 11° 22' E)

Natal
Placidus

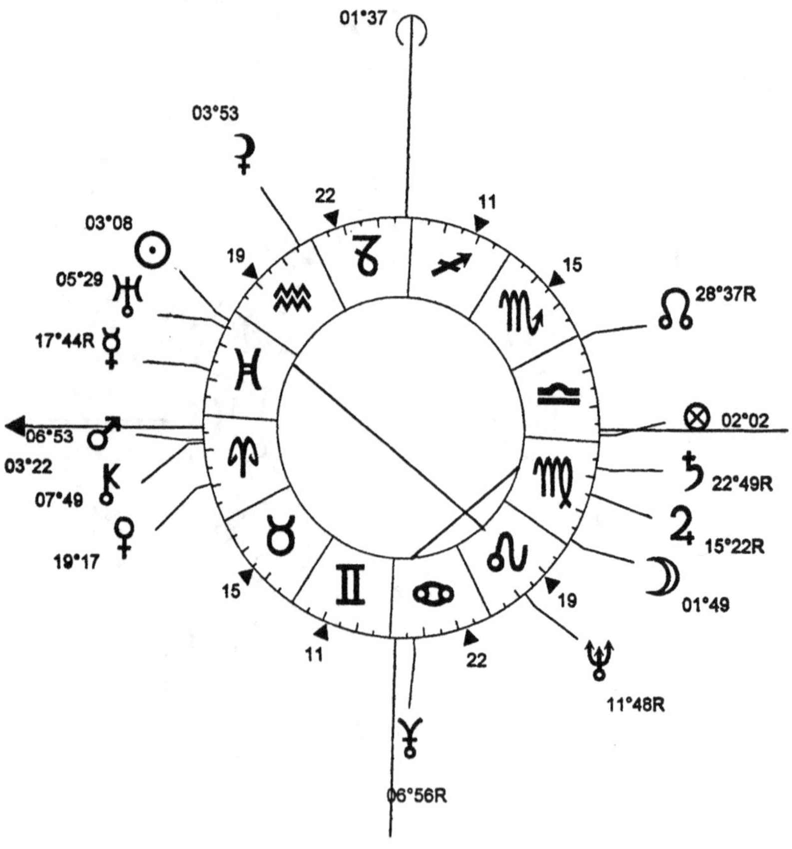

affectives et érotiques peuvent être importantes chez eux, mais que tous deux ont sans doute sublimé leurs conflits dans la création artistique et la réussite professionnelle, compensant de la sorte un manque à d'autres niveaux. Mais de là à en faire un couple exemplaire, cela paraît étonnant compte tenu des dissonances susceptibles d'entraver leur entente.

Je crois que les angles d'or viennent à point nommé pour expliquer, malgré certaines incompatibilités majeures, la traversée sans orage de ce couple uni jusqu'à la fin. Car il ne s'agit pas, si j'en crois les médias, de deux êtres ayant vécu « de profil », comme cela peut arriver chez ceux qui ne s'entendent pas et qui, pour des motifs convenus, restent ensemble bon gré mal gré, mais d'une union très féconde. La présence d'angles d'or pourrait dès lors expliquer la qualité de cette union en dépit de configurations affectives pour le moins difficiles. Trois angles φ peuvent être dénombrés dans la carte de Giulietta : Soleil-Mars (34°) aspect qui s'exerce donc entre les deux archétypes de la virilité, Jupiter-Pluton (68° 30') et Soleil-Neptune (159°) reliant le maître du Soleil, situé en secteur V, à l'*animus*, présent dans le signe des Poissons. Federico Fellini présente également quelques-uns de ces aspects : Soleil-Saturne (138°) qui joue sûrement au niveau de la création artistique, ces deux astres régissant la maison V, mais l'aspect englobe également la Lune qui s'unit au Soleil à la naissance de Federico. Ainsi la femme participe-t-elle donc à cette vie créative. J'observe en outre un angle d'or (34° 30') entre la Lune située en maison V et Uranus domicilié en VI. Enfin Neptune, maître du secteur VII, est lui aussi à 34° 30' de Pluton, positionné en secteur X, ce qui permet d'expliquer l'harmonie présente au sein du couple grâce à un accomplissement social et créatif commun.

En superposant maintenant leurs thèmes, on observe certains rapports angulaires placés sous l'égide du nombre d'or : le Soleil de l'un est à 48° du Mercure de l'autre, aspect qui dénote des affinités sublimatives et intellectuelles d'essence supérieure. Ne connaissant pas la date de leur rencontre, je ne suis pas en mesure de compléter cette analyse.

15

LA SUBLIMATION DE L'ANGLE D'OR

Pour enrichir et terminer ce propos, je voudrais à présent étudier quelques personnalités qui ont placé l'harmonie du couple au centre de leur œuvre, bien qu'ils n'aient pas eu eux-mêmes le privilège de la connaître. Nantis d'angles d'or, mais également de facteurs astrologiques empêchant cette réalisation, ils furent contraints de sublimer cette tendance dans une création artistique, esthétique ou philosophique. Il apparaît d'ailleurs que, bien souvent, la sublimation artistique (surtout la peinture, la musique et la poésie) prend sa source à partir d'une carence de relation de couple harmonieuse. Car il est bien évident que, sans celle-ci, l'être ne peut vivre que dans la dualité perpétuelle, fauteuse le plus souvent de troubles les plus divers. L'unité, telle est la voie recherchée inconsciemment car elle permet d'intégrer ses contradictions source de douleur et de difficultés. Or, la plus simple façon de tendre vers l'unité est, pour l'homme ordinaire, l'accomplissement affectif. Certains l'atteignent par d'autres voies, la religion, l'art, le mysticisme, etc., mais ces chemins s'avèrent beaucoup plus difficiles et tortueux, et par conséquent peu accessibles à la majorité. Il n'empêche que la première voie n'est pas donnée à tout le monde. Combien d'individus forment un couple sans ressentir pour autant cette harmonie qui favorise une relation unique et inaltérable ! On le constate largement à notre époque où le divorce, légalisé depuis des décennies, frappe un grand nombre des couples.

Je vais à présent me pencher sur le thème d'Alain-Fournier, auteur du *Grand Meaulnes*, qui fit le récit de sa rencontre avec une jeune fille entrevue seulement quelques fois, à qui il donna vie, et que son imagination put transfigurer. Je continuerai cet exposé par la carte natale et l'œuvre de Gérard de Nerval, qui prit véritablement sa source dans l'amour qu'il voua à Jenny Colon et dont il fera l'image mythique de ses plus grands récits. Enfin, je me pencherai sur la vie et les théories positivistes d'Auguste Comte qui, après la mort de Clotilde de Vaux, sa bien-aimée, érigea une nouvelle théorie où il vouera un culte à celle qui désormais sera l'« éternelle épouse » la « Vierge Mère de l'humanité ».

Alain-Fournier

Alain-Fournier naquit le 3 octobre 1886, à 5 heures, à la Chapelle d'Angillon, petite commune située dans le Berry. Fils d'instituteur, il passa ses premières années en milieu rural et son livre, *Le Grand Meaulnes*, retrace ces années d'enfance où le rêve se mêle à la réalité, la beauté des paysages à l'amour sublimé, où la quête d'un absolu vient se cristalliser sur l'image d'Yvonne de

Alain-Fournier

Le 3.10.1886 à 5 heures (0 heure),
La Chapelle d'Angillon (France) (47° 05' N, 2° 01' 36" E)

Natal
Placidus

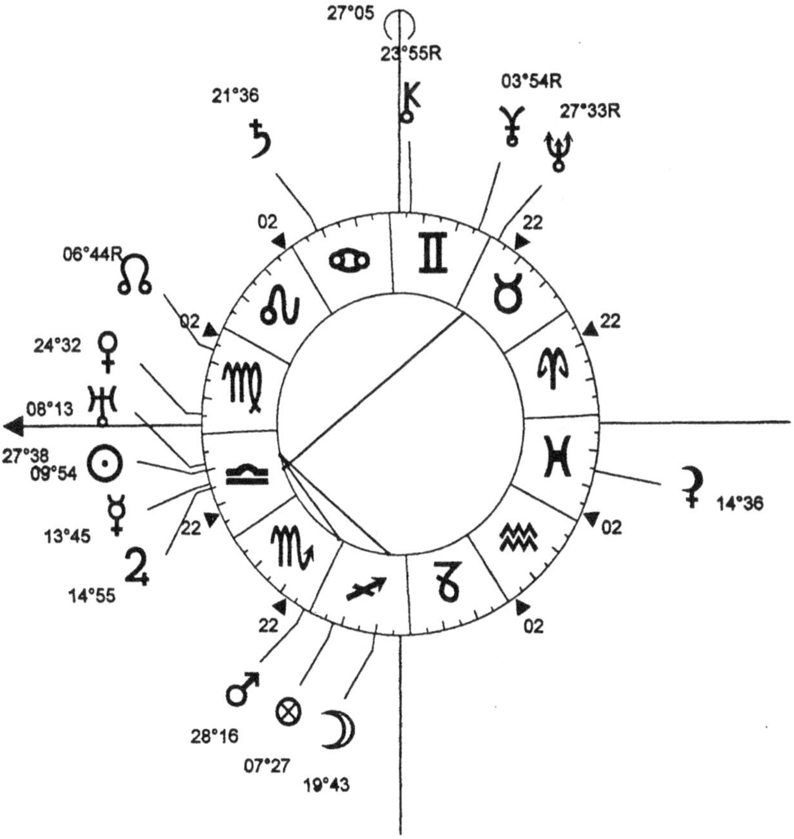

Galais, merveilleuse jeune fille entrevue sur le Cours-la-Reine qu'il ne revit pratiquement plus, mais qui lui laissa un souvenir si profond et si beau qu'il en fit la figure vivante de son roman.

On a pu comparer *Le Grand Meaulnes* à certaines œuvres de Gérard de Nerval telles que *Sylvie* ou *Aurélia*. Il existe en effet de grandes similitudes littéraires entre les deux écrivains, aussi bien dans l'écriture où transparaît sans cesse un monde ancien et merveilleux aux confins de l'imaginaire que dans les personnages féminins, figures exquises et sublimées sorties tout droit de leur *anima*, de sorte que la vie et l'amour, filtrés par leur inspiration, y sont délivrés de la matière et du temps.

Les angles d'or inscrits dans le thème d'Alain-Fournier sont peut-être bien la clé de ce monde qui paraît comme détaché des contingences terrestres et illuminé par le visage d'une femme quasi transcendée par l'auteur. Les paysages mélancoliques du Berry, la rencontre avec la gracieuse Yvonne de Galais, ainsi que les lieux de fête mystérieux et étranges apportent à ce roman une teinte éthérée qui transporte le lecteur dans un univers de beauté et d'harmonie.

L'œuvre d'Alain-Fournier nous permet ainsi de mieux saisir les caractéristiques propres à l'angle d'or et sa zone d'influence. Il semble tout d'abord être un angle qui délivre l'homme des contingences matérielles pour le hisser vers les plus hautes sublimations. Le verbe « sublimer » signifie d'ailleurs en son essence première : faire passer de l'état solide à l'état gazeux. Avec cette définition, je fais appel à un cinquième élément, l'Éther, que les Anciens prenaient en compte mais que l'homme moderne a depuis longtemps rejeté, faute de le percevoir dans l'univers. Dans la mythologie grecque, le dieu Æther est la personnification du ciel supérieur, où la lumière est plus pure que dans le ciel le plus rapproché de la terre. L'éther est en quelque sorte l'endroit où vivent les dieux et où se trament les plus belles aventures comme dans les rêves remplis de merveilleux que nous conte l'auteur du *Grand Meaulnes*. Les héros du livre sont devenus de véritables personnages divins qui côtoient des déesses aux lignes pures et harmonieuses, se promènent à travers des paysages féeriques et dans des contrées mystérieuses où temps et matière sont abolis.

Le graphique céleste de l'écrivain fait apparaître tout d'abord une suprématie de Vénus, planète angulaire à l'Ascendant, et maîtresse d'un important amas en Balance. Cette première configuration place le sentiment, l'équilibre et l'esthétique au centre des aspirations de l'auteur. Vénus, située en Vierge, donne aux élans amoureux une certaine retenue teintée de chasteté. Ce n'est pas la Vénus « génitrix », toute charnelle et avide de sensations érotiques, mais la Vénus « Ourania », Vénus céleste et spiritualisée. La Lune, angulaire au Fond du ciel, vient en deuxième position et confère au poète son imagination et son goût prononcé pour le rêve et le merveilleux. Vient ensuite Uranus, astre qui colore l'amas en Balance, est conjoint au Soleil, et se trouve, après Vénus, le plus proche de la pointe de l'Ascendant. Il a maîtrise sur le secteur V, lieu des relations affectives et des créations, et va permettre à Alain-Fournier de réaliser son œuvre grâce à ce feu prométhéen qui coule dans ses veines. Étant très mercurisé, il choisira l'écriture comme expression de son art.

Plusieurs angles d'or viennent mettre ces tendances au service d'une écriture et d'un récit qui nous transportent dans un monde idéal, harmonieux et quasi divin. Avec un écart angulaire de 69° (orbe large) entre les luminaires, Alain-Fournier ne nous dépeint pas la rencontre de deux êtres de chair, mais de deux âmes en suspens. Les 48° séparant le Soleil de Mars indiquent la réalisation d'une œuvre qui s'opère à travers la symbolique de l'angle d'or. Enfin, Jupiter conjoint à Mercure (représentant du moi) se trouve à 137° 30' de Neptune (maître de VII). Cet aspect favorise la rencontre de l'être suprême, de l'âme sœur telle qu'elle est décrite dans *Le Grand Meaulnes* à travers le personnage d'Yvonne de Galais.

Gérard de Nerval

À travers une grande partie de son œuvre, le poète a chanté ses amours disparues. Il a gravé ces instants éphémères en des vers et des récits immortels, fuyant la notion du temps et de l'espace, choisissant au gré de sa fantaisie la période, le lieu et les décors que son imagination inspirée inventait à la mémoire des *Filles du feu* ou d'*Aurélia*.

Tous ces récits sont en fait un hymne à Jenny Colon, à qui il avait adressé des lettres ferventes, mais qui lui préféra un musicien. Celle-ci mourra quelques années plus tard, « et la figure de l'actrice évoluera peu à peu vers une image mythique, qui habitera toutes ses grandes œuvres des dernières années[1] ».

On voit donc combien la recherche de l'amour suprême hanta Nerval au point qu'il fut habité par ses rêves. Son Soleil en Gémeaux, signe de dualité, met en

1. *Dictionnaire des auteurs, op. cit.*

Gérard de Nerval

Le 22.5.1808 à 20 heures (0 heure),
Paris (France) (48° 52' N, 2° 20' E)

Natal
Placidus

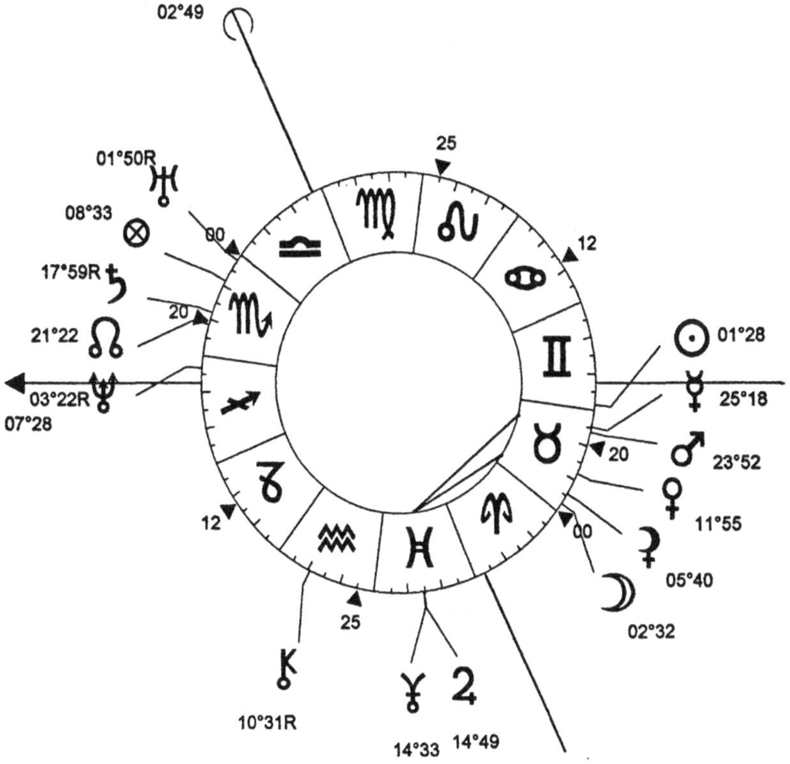

scène deux figures de femmes opposées, celle de Sylvie, la petite paysanne au cœur simple, et celle d'Adrienne, l'inspiratrice idéale qu'il ne put jamais atteindre. Ainsi a-t-il pu écrire : « La muse est entrée dans mon cœur comme une déesse aux paroles dorées, et elle s'est échappée comme une Pythie, en jetant des cris de douleur[1]. » Cette réflexion semble bien rejoindre l'essence même de l'angle d'or qui oriente le natif vers l'accomplissement de ses mythes intérieurs, débouchant sur le rêve, la poésie, l'harmonie et la beauté sublime. Dans un de ses poèmes, dont le titre *Vers dorés* illustre parfaitement mon propos, Nerval, en pythagoricien très inspiré, nous offre à sa manière une image saisissante de l'harmonie du monde :

Homme, libre penseur ! te crois-tu seul pensant
Dans ce monde où la vie éclate en toute chose ?
Des forces que tu tiens ta liberté dispose,
Mais de tous tes conseils l'univers est absent.

Respecte dans la bête un esprit agissant :
Chaque fleur est une âme à la nature éclose ;
Un mystère d'amour dans le métal repose ;
Tout est sensible ! Et tout sur ton être est puissant.

Crains, dans le mur aveugle, un regard qui t'épie :
À la matière même un verbe est attaché...
Ne la fais pas servir à quelque usage impie !

Souvent dans l'être obscur habite un dieu caché ;
Et comme un œil naissant couvert par ses paupières,
Un pur esprit s'accroît sous l'écorce de pierre !

---

1. Le Petit Robert, *Dictionnaire universel des noms propres.*

Né le 22 mai 1808, à 20 heures, à Paris, sa carte céleste présente un nombre important d'angles d'or dont le plus saillant (69°) opère entre le groupe Jupiter-Pluton, représentant du moi, et le groupe Mercure-Mars, représentant du Soleil. Vient ensuite l'aspect de 48° entre la Lune et Jupiter qui symbolise bien « l'épanchement de l'affectivité à travers une image mythique de l'amour et de la femme[1] », le luminaire nocturne dans son exaltation occupant la maison V. D'autres aspects de ce type apparaissent, mais il semble que les deux premiers soient les plus puissants et les plus significatifs.

Auguste Comte

Bien qu'il fût philosophe et que sa théorie positiviste ne présentât pas de rapport avec le nombre d'or, Auguste Comte s'orienta dans ce sens après sa rencontre et sa relation toute platonique avec Clotilde de Vaux. Ce fut le 1er avril 1844 qu'il vit pour la première fois celle dont il allait tomber éperdument amoureux, mais qui devait mourir, phtisique, deux ans plus tard. C'est par l'intermédiaire du frère de celle-ci à qui il donnait des cours que Comte fut présenté à la jeune femme. Déjà bien malade, elle cherchera auprès du philosophe une source d'amitié sans se douter que ce dernier était épris d'elle au point qu'à sa mort il dédiera sa philosophie positiviste « à mon éternelle compagne ». Après un certain temps d'hésitation, Comte déclare sa flamme à Clotilde mais celle-ci refusera de partager sa vie. Femme de lettres et proche de la mort, elle répon-

1. Le Petit Robert, *Dictionnaire universel des noms propres.*

Auguste Comte

Le 19.1.1798 à 12 heures (0 heure),
Montpellier (France) (43° 38' N, 3° 51' E)

Natal
Placidus

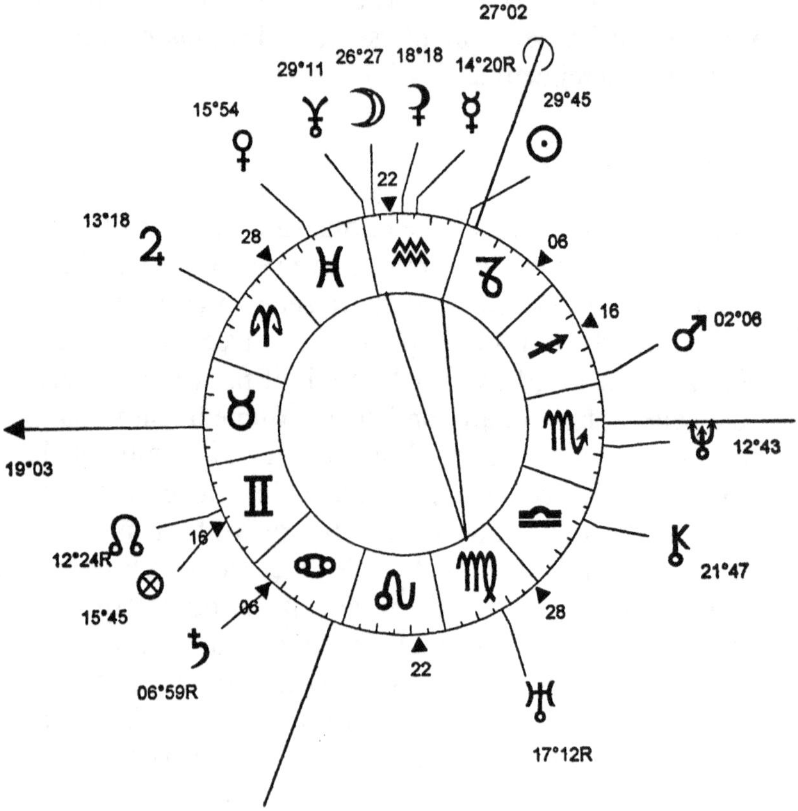

dra néanmoins à ses fréquentes invitations ainsi qu'à sa correspondance. Faute de liens charnels, Comte va désormais déifier son amour et lui rendre un véritable culte en récitant sous forme de prières les lettres de Clotilde. Quelque temps avant la disparition de celle-ci, il écrira : « Adieu, mon éternelle compagne. Vous m'avez aujourd'hui fait profondément sentir le prix de votre noble pureté, qui nous a permis, devant votre mère, de tenir tendrement votre main dans les miennes, pendant que je contemplais cette angélique physionomie dont l'altération passagère rend encore plus touchante la suave beauté[1]. »

Avec Comte, nous voici donc transposés du monde du réel au monde du mythe et de la religion par l'intermédiaire de l'amour qui devient un véritable culte, faisant de la femme aimée un être de beauté et d'harmonie élevé au rang de déesse. Son thème, érigé pour le 19 janvier 1798, à 12 heures, à Montpellier, traduit cette transfiguration de l'âme par la découverte de l'amour. Il faut bien convenir qu'avec la valorisation des trois derniers signes du zodiaque, ainsi que du couple Neptune-Saturne proche des angles, l'homme n'était déjà pas très ancré dans la matière et dans le concret. Les quintiles abondamment inscrits dans sa carte le prédisposaient à une vision métaphysique, voire mystique du monde. Mais c'est à partir de sa rencontre avec Clotilde que sa vie basculera dans l'univers de la religion et qu'il fera de sa bien-aimée la « Vierge Mère de l'humanité ». La présence concomitante des quintiles et des angles d'or aura constitué la clé de voûte sur laquelle il a élevé son temple en l'honneur de la déesse Clotilde. Et

1. André Thérive, *Clotilde de Vaux*, Albin Michel.

l'on voit ces tendances s'exercer dans certaines configurations partant essentiellement de la Lune, située à 47° 30' de Jupiter et à 159° d'Uranus, lequel est à 132° 30' du Soleil, cet aspect opérant précisément à partir de la maison V.

Conclusion

Au terme de notre étude, l'idée de Pythagore selon laquelle « tout est arrangé d'après les nombres » semblera peut-être plus évidente et le lecteur sera, je l'espère, désormais convaincu qu'il existe un lien fondamental entre les propriétés du nombre d'or et le principe de la vie, et qu'il est un nombre que l'on retrouve à tous les niveaux, aussi bien dans les structures terrestres (végétaux, animaux, humains) que dans les structures célestes (système solaire, galaxies). Ces découvertes serviront peut-être à éveiller l'intérêt de certains chercheurs détachés des nombreux préjugés qui existent au sujet de l'astrologie. Celle-ci possède des bases scientifiques qui pourraient faire l'objet d'une recherche sérieuse si l'homme moderne n'avait pas pour seule image le reflet complètement déformé des horoscopes que l'on trouve dans les médias et qui ne servent qu'à distraire le public. La véritable astrologie n'est évidemment pas cela, mais elle se pratique dans un cercle restreint, à l'écart des mouvements actuels, alors qu'elle pourrait parfaitement s'intégrer aux autres connaissances dans un enrichissement réciproque. Si elle n'est toujours pas reconnue, c'est qu'elle a fait l'objet d'une méprise depuis maintenant près de quatre siècles, lorsqu'elle fut interdite d'enseignement dans les universités. Il est certain que, sans cela, elle aurait évolué comme toutes les autres sciences et serait sortie du savoir ésotérique dans lequel elle a été maintenue. Si elle possède une tradition ésotérique remontant à l'Antiquité, elle peut également devenir une connaissance qui s'appuie sur la science. Encore faudrait-il s'en donner les moyens !

Un des fils rouges susceptibles de démontrer la validité du phénomène astrologique est précisément le nombre d'or, structure que l'on retrouve aussi bien dans le macrocosme que dans le microcosme. Sa présence au cœur du système solaire et de l'homme induit nécessairement l'idée d'Hermès Trismégiste selon laquelle « tout ce qui est en bas est comme ce qui est en haut », et aussi l'idée que l'homme, qu'il le veuille ou non, se trouve en correspondance avec les rythmes cosmiques. Sa structure interne étant à l'image de la structure du cosmos, il est sensible aux rythmes planétaires et réagit surtout à ceux qui ont marqué sa naissance et qui se reproduisent au cours de sa vie.

Bibliographie

Sur le nombre d'or

ALLENDY, René, *Le Symbolisme des nombres*, Éditions Traditionnelles, 1984.

BINDEL, Ernst, *Les Nombres et leurs fondements spirituels*, Éditions anthroposophiques romandes, 1985.

CLAYET-MICHAUD, Marius, *Le Nombre d'or*, PUF, « Que sais-je ? », 1973.

GHYKA, Matila C., *Le Nombre d'or*, Gallimard, 1931.

GHYKA, Matila C., *Esthétique des proportions dans la nature et dans les arts*, éditions du Rocher, 1998.

NÉROMAN, Dom, *Le Nombre d'or*, Dervy, 1981.

NEVEUX, M., et HUNTLEY, H.E., *Le Nombre d'or, radiographie d'un mythe*, suivi de *La Divine Proportion*, éditions du Seuil, 1995.

ROOB, Alexander, *Alchimie et Mystique*, Taschen, 1997.

TRESCASES, Jacques, *L'Étoile flamboyante*, Guy Trédaniel, 1993.

WARUSFEL, André, *Les Nombres et leurs mystères*, éditions du Seuil, 1961.

L'Astrologue n°s 117 et 118, Éditions Traditionnelles, 1997.

Autres ouvrages consultés

CARATINI, Roger, *Dictionnaire des découvertes*, Éditions n° 1, 1990.
D'ARCY THOMPSON, *Formes et Croissance*, éditions du Seuil, 1994.
HERMANN, Joachim, *Atlas de l'astronomie*, Livre de Poche, 1995.
HOWATSON, M. C. (dir.), *Dictionnaire de l'Antiquité*, Robert Laffont, 1993.
KEPLER, Johannes, *L'Harmonie du monde*, A. Blanchard, 1979.
LILAR, Suzanne, *Le Couple*, Grasset, 1963.
MONTUCLA, Étienne, *Histoire des mathématiques*, 1758.
RIFFARD, Pierre, *L'Ésotérisme*, Robert Laffont, 1990.

Sources des données de naissance

BARBAULT, André, *L'Univers astrologique des quatre éléments*, Éditions Traditionnelles, 1992.
BERTHON, Jacques (dir.), *Dictionnaire des 300 notabilités*, ESAP.
KRIVINE, B., *Thèmes astrologiques*, Éditions Traditionnelles, 1988.
SCHŒLLER, Guy (dir.), *Dictionnaire des auteurs*, Robert Laffont.
Revues *La Lettre du CADRAN* (Patrice Petitallot), *L'Astrologue* (Éditions Traditionnelles) et *Datasophia* (Jany Bessière).

Liste des thèmes

TABLE

DANS LA MÊME COLLECTION

Jacqueline AIMÉ, *La Lune noire. Un monde interdit*
Aimée ANDRÉ, *Astrologie spirituelle. Éthique et pratique*
Irène ANDRIEU, *Histoire des enfants de l'an 2000 – Lecture karmique du thème natal – Lecture karmique du zodiaque – Techniques de base de l'astrologie*
Stephen ARROYO, *Astrologie, karma et transformation – L'Astrologie, la psychologie et les quatre éléments – Pleins feux sur Jupiter – Pratique d'interprétation du thème astral. Comprendre son thème de naissance. Les Principes directeurs de l'interprétation*
Stephen ARROYO, Liz GREENE, *Jupiter-Saturne. Nouvelles perspectives de l'astrologie moderne*
ATALANE, *Les Nœuds de la Lune. Les Clés de l'interprétation astrologique*
Michael BAIGENT, Nicholas CAMPION, Charles HARVEY, *L'Astrologie mondiale*
Anne et André BARBAULT, *Astralités des femmes illustres*
André BARBAULT, *Astres royaux. Horoscopes de têtes couronnées – Introduction à l'astrologie mondiale*
Paul A. BERNARD-DECROZE, *Les Blasons astrologiques. L'histoire des hommes dessinée dans le ciel*
Marc BÉRIAULT, *La Lune noire, vers l'autonomie de l'Être*
Jany BESSIÈRE, *Les Éclipses, les lunaisons et vous*
Nadette CARION, *Vivre en transit planétaire – Méditation cosmique*
Catherine CASTANIER, *Chiron et l'axe des portes*
Bernard CROZIER, *Cours d'astrologie 1, Les bases fondamentales – Cours d'astrologie 2, Méthodes et dictionnaire d'interprétation – Cours d'astrologie 3, Exercices pratiques*
Laetitia DEFRANOUX, *Rythmes de Lune*
Pierre DELMAS, *Nouvelles Approches des aspects astrologiques. Théorie et pratique*
Astrid FALLON, *Cycles et calculs astrologiques. Aide-mémoire pour l'étudiant et le praticien de l'astrologie – Éphémérides graphiques et prévisionnelles, 1920-2040*
Steven FORREST, *Astrologie, le ciel intérieur*
Patrick GIANI, *Les Trois Dimensions de votre thème astral*
Robert GOUIRAN, Francine MERCIER, *L'Astrologie des trajectoires de vie*
Robert et Francine GOUIRAN, *Des étoiles et des hommes*
Philippe GRANGER, *Le Zodiaque. Astrologie psychanalytique, séminaire 1 – La Lune noire et les destins de Vénus. Astrologie psychanalytique, séminaires 2 et 3*
Liz GREENE, *Planètes extérieures et cycles collectifs. La dimension collective de l'astrologie*

Liz GREENE, Howard SASPORTAS, *Astrologie : le développement de la personnalité. Séminaire d'astrologie psychologique1 – Astrologie : les dynamiques de l'inconscient. Séminaire d'astrologie psychologique2 – Astrologie : les luminaires. La psychologie du Soleil et de la Lune dans le thème natal. Séminaire d'astrologie psychologique3 – Les Planètes intérieures. Les constituants de réalité personnelle. Séminaire d'astrologie psychologique 4*

François GUIRAUD, *Les Révolutions solaires et lunaires – Symbolisme et interprétation des nœuds lunaires. Les mystères du Dragon*

Roger HÉQUET, *Le Temps sidéral vécu. Essai d'astrochronobiologie*

Marie-Louise HERBOULET, *Les Lois de la création de Wronski appliquées à l'astrologie – Théorie, technique et interprétation*

Germaine HOLLEY, *Astrologie : au-delà de la rencontre – Astrologie, dynamique de l'évolution – Comment comprendre votre horoscope*

Raphaël IBAÑEZ DE GARAYO, *Cours d'interprétation. Mise en scène du thème astral*

Richard IDEMON, *À travers le miroir : la quête de soi à travers la relation. Séminaire d'astrologie psychanalytique 5*

KLÉA, *Astrologie initiatique et pratique, tome 1 : Les planètes*

Denis LABOURÉ, *Les Origines de l'astrologie*

Solange de MAILLY-NESLE, *L'Interprétation du thème astral*

Théo MONTÉRA, *Le Traité pratique d'astrologie médicale*

Fanchon PRADALIER-ROY, *L'Univers de l'homme*

Charles RIDOUX, *Évolution géopolitique mondiale, le tournant, 1980-2020*

Dane RUDHYARD, Leyla RAEL, *Les Aspects astrologiques. Une approche basée sur le processus*

Alexander RUPERTI, *les Cycles du devenir*

Alexander RUPERTI, Marief CAVAIGNAC, *La Géométrie du ciel1, Configurations planétaires – La Géométrie du ciel2, Les dessins planétaires*

Alexander RUPERTI, Marief CAVAIGNAC, Ivan OTHENIN-GIRARD, *La Symphonie du ciel. Fonctions planétaires en astrologie humaniste*

SARA-ANNE DE SAINT-HUBERT, *Le cosmos en Soi, du zodiaque à la psychologie des profondeurs*

José-Luis SAN MIGUEL DE PABLOS, *Géométrie de la conscience – Le Livre de Gaïa et d'Ouranos*

Eulalie STEENS, *L'Astrologie chinoise*

Jean TEXIER, *Synastrie. Le Secret des bonnes ententes astrales – Guide astrologique de l'amour*

Bill TIERNEY, *Dynamique des aspects astrologiques. Planètes rétrogrades, hémisphères et quartes*

Gilles VERNERET, *Les Degrés existentiels*

Charles VOUGA, *Une astrologie pour l'ère du Verseau*

Éditions du Rocher
28, rue Comte-Félix-Gastaldi
Monaco

www.ingramcontent.com/pod-product-compliance
Lightning Source LLC
Chambersburg PA
CBHW070802121126
54723CB00047B/973
* 9 7 8 2 2 6 8 0 4 9 8 8 5 *